Osprey Military New Vanguard
オスプレイ・ミリタリー・シリーズ

世界の戦車イラストレイテッド
15

アムトラック
米軍水陸両用強襲車両

[著]
スティーヴン・ザロガ

[カラー・イラスト]
テリー・ハドラー×マイク・バドロック

[訳者]
武田秀夫

AMTRACS:
US AMPHIBIOUS ASSAULT VEHICLES

Text by
Steven Zaloga

Colour Plates by
Terry Hadler and Mike Badrocke

大日本絵画

目次 contents

3	水陸両用車の開発	amphibian vehicles
6	タラワ──初めての戦闘	tarawa: new tactics
10	アムタンクの出現	amtanks and fire support
20	太平洋戦争後期の上陸作戦	late-war landings
34	ヨーロッパ戦線のアムトラック	amtracs in europe
35	戦後の開発	post-war LVT development
38	LVTP-5──新型LVTの開発	the LVTP-5
25	カラー・イラスト	
50	カラー・イラスト解説	

◎著者紹介

スティーヴン(スティーヴ)・ザロガ　Steven Zaloga
1952年生まれ。装甲車両の歴史を中心に、現代のミリタリー・テクノロジーを主題とした20冊以上の著作を発表。旧ソ連、東ヨーロッパ関係のAFV研究家として知られ、また、米国の装甲車両についても造詣が深く、多くの著作がある。米国コネチカット州に在住。

テリー・ハドラー　Terry Hadler
国際的に活躍する科学・技術系イラストレイター。エアブラシと水彩絵の具のコンビネーションを用いて、戦車から航空・宇宙、さらには恐竜まで、多くのイラストを発表し、最近は人物画も手がける。

マイク・バドロック　Mike Badrocke
軍事宇宙科学、科学機器およびハイテク機器に関する英国を代表するイラスト画家のひとり。彼の描く詳細な解剖図、きわめて複雑な細部まで描かれた内部構造図は、世界中の数多くの書籍、雑誌そして産業用出版物などで見ることができる。

アムトラック 米軍水陸両用強襲車両
AMTRACS: US AMPHIBIOUS ASSAULT VEHICLES

amphibian vehicles

水陸両用車の開発

　およそ敵前上陸ほど達成が困難で、しかも危険に満ちた軍事作戦はない。これが真実であることは、第一次大戦中、ダーダネルス海峡東端のガリポリ(ゲリボル)に上陸したイギリス軍を主力とする連合軍が、トルコ軍の強力な反撃を受けて莫大な損害を蒙り撃退された事実により、はからずも証明されたのであった。そしてアメリカの海兵隊は大戦終了後の1920年代にこの史実を参考に、上陸作戦遂行に伴う危険を少しでも減らすための手だてを模索した。彼らは結局、それには適切な新兵器の開発が必要というしごく妥当な結論に到達して、近代的な上陸用舟艇の開発を足がかりに、順次水陸両用装軌車両の試作とテストへ移行するプログラムを組んだが、大戦後の極端な予算の緊縮が障害となって、装軌車両の研究まで手が回らなかった。

　こうした動きを察知して1920年代早々に、独創性と実行力を併せ持つアメリカ人の発明家で、後に戦車設計の歴史にその名を刻むことになるウォルター・クリスティーが、独自に上陸用装軌車両を考案してアメリカ陸軍と海兵隊に提案した。クリスティーがM1923と命

1935年に完成したレーブリングのアリゲーター試作1号車。重過ぎて水上ではスピードが出ず、操舵の反応も鈍かった。(FMC Corp.)

名したこの車両は、プエルトリコのクレブラで1924年に行なわれた上陸演習でテストされることになったが、結果はかんばしくなかった。海兵隊は、75mmの大口径砲を砲塔なしで装備し、上陸作戦用の車両というより自走砲に近いこのM1923を、海上での使用に不安がある上にほかにも欠点が多過ぎて、兵器としては使い物にならないという理由で却下し、小型で、艀や小型舟艇に搭載して簡単に接岸、揚陸できるM1923の競争相手の6トン特殊トラクター（実態はアメリカで生産されたフランスのルノーFT型軽戦車）の採用をきめた。海兵隊はこの時期、すでに上陸作戦における装甲車両ないし水陸両用車両の必要性を充分認識していたが、なにぶん予算不足で本格的な開発に取り組めず、こんなことでお茶を濁すしかなかったのである。

1937年に完成したアリゲーター試作2号車。アメリカ海兵隊の注目するところとなり、後にLVT-1へと発展した。（FMC Corp.）

1937年になって、アメリカの人気雑誌『ライフ』が、フロリダの沼地における救助活動用に開発された車両「アリゲーター」を写真で紹介した。これが海兵隊の注目するところとなり、実地に車両を検分して好感を持った海兵隊は、海軍にプロトタイプの発注を要請した（海兵隊には他の三軍と並ぶ独自の参謀総長が存在するが、組織上は当時もいまも海軍の一部門に過ぎない）。

アリゲーターを製作したのは、ニューヨークのイースト川を跨ぐ巨大な吊り橋、ブルックリン橋建設の貢献者として知られるワシントン・レーブリング大佐の、息子のジョンと孫のドナルドのふたりだった。彼らはフロリダのオキーチョビー湖周辺の広大な湿地帯が、打ち続くハリケーンによって壊滅的な打撃を受けたようすを目の当たりにして、自費を投じて救助車両の開発に乗り出す決心をしたのだった。ドナルドが目指したのは、ボートだとすぐに座礁するし、そうかといって自動車では深くて入って行けないような沼沢地を、平気で動きまわれる車両だった。もともと沼だらけの場所が洪水で一面水浸しになるわけだから、ほかの乗り物はいっさい使えないのである。ドナルドの設計は非常に合理的で、車体はアルミ製で軽く、特殊な無限軌道によって水中でも陸上でも推進力を発揮できるようになっていた。このドナルドの「アリゲーター」は1935年に1号車が完成したが、水上の速度が3.5km/hそこそこで実用的とはいえなかった。続いて改良型が1937年に完成したが、こちらは全長を短縮すると同時に全幅を広げ、履帯とサスペンションを強化したのが功を奏して、性能が見事に向上した。重量は3.95トンで1号車より1.4トン軽く、水上のスピードも14km/hに高められていた。海兵隊の士官が実地に検分して感銘を受けたのは、この2号車だったのである。

だが海軍は、あまり気乗りしないようすだった。彼らにしてみれば舟を使えばすむことであって、わざわざのろくて取り回しの悪い車両で水の上を走る必要はないのだった。それで結局海軍が、予算の不足を理由に海兵隊の依頼を蹴る結果になって、道を塞がれた海兵隊は、やむをえず兵器調達委員長モーゼズ将軍の名義で、軍用に改造したアリゲーターの試作車を直接レーブリング兄弟に発注した。こうして生まれたのが、重量も性能も一段と向上したアリゲーターの1940年型で、一部ではこれをそれまでのアリゲーターと区別

して、クロコダイルと呼んだ。この軍事用アリゲーターないしクロコダイル1号車は、当然ながら水上における運動性が同じ大きさの舟艇には劣ったが、ポンツーンと呼ばれる両舷の密閉区画の容積を拡大したために、荒れた海上の航行にも不安がなかった。

　ヨーロッパで戦争が始まると、その影響でアメリカの軍事予算がたちまち膨らみ、それまで海兵隊の要望を断り続けてきた海軍艦船局も言い訳に困って渋々重い腰を上げ、リンカーン・ゼファーの120馬力エンジン搭載を条件に、レーブリングに軍用アリゲーターの2号車を発注した。この車両は1941年1月に完成してすぐクアンティコ基地に送られ、その年の1月から2月にかけて行なわれた艦隊演習に参加した。結果は良好で、海軍と海兵隊の両方で好評を得たが、海軍はアルミの車体は実戦には不向きだからスティールに変えるべきだと主張し、また海水と砂によって履帯が短期間で摩耗するおそれがあると指摘して、これらの点を改良した3号車の納入をレーブリングに指示した。

　しかし話がここまで進展すると、その先はもはやレーブリングの手には負えなかった。彼自身本格的な生産設備を持たず、また海軍が要求する短い期間で作業を終えるのに必要な人員も揃えていなかったからである。それで当初からアリゲーターの製造にかかわっていたフォード・マシナリー社が、設計変更から車両製作までの全作業を一括して引き受けることになった。白紙からのスタートではなく、途中からの引き継ぎだったが、とにかくフォード社が軍用装軌車両の開発に自主的に手を染めたのはこれが最初であり、以後同社は順調に業務を発展させて、全米トップの装甲車両メーカーに成長するのである。

　アリゲーターはやがて海軍の内規にしたがってLVT（Landing Vehicle Tracked：上陸用装軌車）の呼称を与えられ、フォード社が量産200両の契約を獲得して、LVT-1と呼ばれる最初の車両が1941年7月にラインオフした。LVT-1（いまはレーブリングの試作車ではなく、このLVT-1を指して「アリゲーター」と言うことが多い）は総計1225両生産された。

　1941年5月、フロリダ州デューンディンで初の海兵隊水陸両用トラクター（Amphibian Tractor）中隊が編成された（後に一般化した「アムトラック」の呼び名は、この部隊名に端を発する）。この新参の中隊は、対日戦勃発直後の1942年2月には、早くも第1海兵師団水陸両用トラクター大隊に昇格した。この時点で海兵隊は、まだアリゲーターを資材の輸送に使うことしか考えていなかった。たしかにLVT-1は車体がスティール製で頑丈ではあった

LVT-1アリゲーターは、1942年にソロモン諸島のガダルカナル島にはじめて姿を見せ、翌1943年にはブーゲンビル島とレンドヴァ島にも進出したが、このブーゲンビルで撮影した写真が示す通り、いずれの場合も戦闘の場から遠く離れた場所で物資の輸送に従事しただけだった。LVT-1は後部にランプドアがなく、このようにクレーンを使わないと積み下ろしができなかった。(USMC)

が、それとてただの薄い軟鋼板で被弾には弱く、履帯も多少改良されたとはいえ、硬い地面の上を走るとあいかわらずすぐに破損した。したがって沖合いの船から海岸まで器材を運び、砂浜に這い上がってそれを降ろすのが精一杯で、上陸して長時間走りまわるのは無理だった。実際初期のアムトラックはエンジン、サスペンション、履帯の消耗が激しいために、その寿命はせいぜい200時間と見積もられていたのである。

こうして使い途が明確になるとともに、海兵隊のアムトラックは急速にその数を増し、やがてすべての海兵師団に、アムトラック75両を保有する水陸両用トラクター1個大隊が付属するまでになった。そして1942年8月、ソロモン諸島のガダルカナル島で海兵隊の第1、第2水陸両用トラクター大隊が、アムトラックを使って沖合いから波打ち際まで補給物資を輸送した。アムトラックの記念すべき実戦初参加である。次いで同年11月に決行された「トーチ」作戦(アメリカ陸海軍を主体とする連合軍大部隊が遥々大西洋を横断、1942年11月8日現地フランス守備隊の抵抗を排して北アフリカの仏領モロッコとアルジェリアに上陸、1943年早々チュニジアに進攻して強力なロンメル軍団と対決し勝利をおさめた。アメリカ陸海軍が協同で展開した初の大規模攻撃であり、ノルマンディー以前では最大の上陸作戦となった)でも同じく海兵隊がアリゲーターで補給任務に従事した。その後も1943年5月にアリューシャン列島のアッツ島、同年8月に同じくアリューシャン列島のシェミア島、9月にソロモン群島のレンドヴァ島とアリゲーターの活躍が続き、11月には北ソロモン諸島のブーゲンビル島で、創設間もない海兵隊第3アムトラック大隊がアリゲーターによる補給任務を全うした。

tarawa: new tactics

タラワ──初めての戦闘

こうして1943年の夏が過ぎるころには、上陸作戦におけるアムトラックのはたらきを誰もが認めるようになったが、それが敵の反撃がない場合に限られていた点に大きな問題があった。これはアメリカ軍が、敵の反撃が予想される場合は兵員の輸送にアムトラックを使わず、もっぱら既存の上陸用舟艇に頼るのを常としたからだった。そして1943年11月、ついに転機が訪れた。タラワ上陸戦で、はじめてアムトラックが敵前で兵員を輸送したのである。

アメリカ軍は1943年半ばまでに、南西太平洋に散らばる比較的大きな島を攻略し終えて、その鉾先を中部太平洋に転じた。そこでは島といえば珊瑚礁が成長してきた環礁がほとんどで、いずれも面積は小さく、表面はギザギザのかたい珊瑚の死骸で覆われ、それまでの熱帯性植物の生い茂る大きな島々とはかなりようすが違っていた。ある程度の大きさがあって軍事的に価値がある島はどれも日本軍が占領して防御陣地を築いていたから、上陸すれば海岸で激しい戦闘に巻き込まれるのは必至だったし、またどの島も周囲を珊瑚礁が取り囲み、そこでは水深が浅く、干潮時にはLCVPやLCM(どちらも船首にランプドアを持つ角張った形の兵員車両輸送用小型上陸用舟艇で、LCMの方がやや大型。イギリスで開発され、別名ヒギンス・ボート)だとひっかかって通過できないおそれがあった。

アメリカ軍は、タラワ環礁での上陸戦でこの種の環境をはじめて経験した。タラワでは攻撃群が二手に分かれ、第2海兵師団がベティオ島を攻撃し、陸軍部隊がより防備の薄いマキン島を攻めた。海兵隊の最大の関心事は、ベティオ島を取り囲む珊瑚礁の水深にあった。データがいっさいなくて、それなのに海軍はなぜか上陸用舟艇が楽に通れるものとき

めてかかっていたが、これはどう考えても不合理だった。

　第2海兵師団の作戦担当士官デイヴィッド・シャウプ少佐（後にタラワの英雄として有名になった）は、ガダルカナル作戦に参加して以来アムトラックを高く評価するようになり、ベティオでは是非ともアムトラックを使うべきだと考えていた。アムトラックなら、たとえ環礁の水深が予想より浅くても、難なく通過できるはずである。シャウプはこの考えを師団長のジュリアン・スミス少将に伝え、ジュリアン・スミスはこれを、上陸部隊総指揮官のホランド・スミス海兵隊少将（その名をもじって「ホウリンマッド・スミス」＝吠え狂うスミスとあだ名された）の耳に入れた。その際ジュリアン・スミスは、アムトラックが絶対必要なことを力説しただけでなく、海軍がその点についてまったく無関心であることも、予備知識として抜け目なくホランド・スミスに吹き込んでおいた。

　シャウプの提案に全面的に賛成した「吠え狂う」スミスは、ただちにタラワ上陸「ギャルヴァニック」作戦の総指揮官リッチモンド・ケリー・ターナー海軍少将に面会して、ニュージーランドのウェリントンで待機中の海兵隊第2トラクター大隊のくたびれきったアムトラック100両では戦力不足だから、全面的な増強が必要だと説いた。

　しかし頑固で鳴るターナーは、島の周囲の珊瑚礁は舟艇で充分越えられるし、またアムトラックは海上で不安定だから使うつもりはないと答えて、この申し出を素気無く拒絶した。スミスはターナーのこの態度を、単なるアムトラックの使い方についての見解の相違ととらず、海兵隊を軽視する態度のあらわれと解釈して烈火のごとく怒り、たちまち本性を現して「アムトラックを増やすまでは、俺の権限で海兵隊は上陸させないぞ！」と吠えたため、さすがのターナーも折れて、サモア諸島の海軍基地から100両のアムトラックを取り寄せると約

1943年11月、タラワで攻撃部隊がはじめてアムトラックを使った。これはベティオ島の第3レッドビーチに無事到達したLVT-1が、椰子の木を切って砂浜に並べた「簡易舗装」に這い上がったところ。前方操縦席のまわりの追加装甲板がはっきりわかる。（USMC）

束した。

　ホランド・スミスは、海兵隊第2トラクター大隊所属の100両のLVT-1を「くたびれきった」と表現したが、それは嘘ではなかった。ガダルカナルでの酷使がたたって、サスペンションと履帯が海水でひどく腐食し、またほかの部分も相当な傷みで、そのまま使い続けると海上で立ち往生したり、最悪の場合分解してその場で沈没しかねず、血気にはやる第2トラクター大隊でさえも上陸演習を差し控えたくらい、ひどい状態だったのである。どの車両も延べ使用時間が400時間（当初設定の使用限界は200時間）を超えたためオーバーホールを実施したが、あまりに損傷がひどくて再起不能の車両が続出し、結局大隊は100両中の25両を失うことになった。そこへターナー少将が約束した新品のアムトラック、それも新型のLVT-2が到着して隊員一同歓喜に湧いたが、残念ながらその数は約束の半分の50両しかなかった。

LVT-2ウォーター・バッファロー
The LVT-2 Water Buffalo

　LVT-2はLVT-1に替わるべき新型車として、海軍艦船局の指示でフォード・マシナリー社が1941年に開発に着手し、トーションバーとラバーを併用した「トーシラスティック・サスペンション」と、M3A1軽戦車から流用したエンジンが特徴だった。これによって地上の乗り心地とサスペンションの耐久性が向上し、またエンジントルクが増大してより活発に走るようになった。車両としての総合寿命もLVT-1の3倍、すなわち600時間に延びたが、履帯だけは地上走行が多い場合に限り、150時間ごとの交換を必要とした。

　このLVT-2（LVT MkⅡとも呼ばれる）通称ウォーター・バッファロー（水牛）は、1942年6月に生産が始まったが配備に遅れが生じて、1943年後半にようやく最前線に到着した。ウェリントンの海兵隊第2トラクター大隊に50両しか届かなかったのも、そのためだった。

　さて「ギャルヴァニック」作戦発動を前にウェリントンで待機中だったその海兵隊だが、師団長のジュリアン・スミス少将はある日第2トラクター大隊長のヘンリー・ドリュース少佐を呼び、海軍は上陸開始前にベティオ島の日本軍を沈黙させると約束したが実際はそれは不可能だから、少佐の部隊は激しい砲火を浴びることになるであろうと警告し、さらにスミス少将自身が温めていたLVTに防御装甲を追加する案を説明して、少佐の意見を質した。これに賛同したドリュースは即座に材料捜しを開始し、ウェリントン市の郊外で錆びたまま大量に放置されていた厚さ9mmの鉄板を発見して、ジェネラル・モーターズの工場で適当な大きさに切断してLVTに取り付けた。

　後日この即席装甲の効果について聞き取り調査をしたところ、激戦を生きぬいた少数の士官の誰もがきわめて有効で多くの生命を救ったと証言したのに対し、兵士たちはだいたいにおいて否定的で意見が割れたが、装甲の追加が全員の士気を高めたことは、だれもが認めたといわれる。なおドリュース少佐は装甲板の追加以外に、全部のLVTの操縦席横

LVT-2ウォーター・バッファローは、タラワではじめて実戦に参加した。これはベティオ島接岸寸前に被弾、炎上した車両。操縦席前面が追加装甲板で覆われている。後方に水没したM4A2シャーマン戦車の砲塔と、撃破された多数のアムトラックの残骸が見える。（USMC）

フォード・マシナリー社とともに新型アムトラックの開発に尽力したボルグワーナー社が試作した「モデルA」。オプションのM3A1軽戦車の砲塔がうしろ向きになっている。この「モデルA」から発展した「モデルB」が、最終的にLVT-3ブッシュマスターになった。（US Navy）

に12.7mm機銃を1挺と、舷側と後部にそれぞれ7.62mm機銃を1挺ずつ搭載することも忘れなかった。

　ホランド・スミスがせっかくターナーから取りつけた約束も空しく、LVTが必要な数揃わなかったために、いざギャルヴァニック作戦が始まると、先鋒攻撃グループの最初の3波だけがアムトラックに搭乗し、それ以降は上陸用舟艇LCVPで岸に向かう事態となった。アムトラックの総数は125両で、うち42両が第1波に割り当てられた。

　11月20日の海兵隊の上陸に先立って、アメリカ軍は激しい艦砲射撃と空爆を実施し、わずか291エーカー（1.2km²）の小さなベティオ島に、3000トンの砲弾と爆弾の雨を降らせた。しかしタラワは100万人が百年間攻めても攻略不可能、と島を守る日本海軍陸戦隊司令官が豪語した通り、充分な時間をかけて構築した強固な地下陣地は、このすさまじい攻撃によく耐えた。そしてその事実は、海兵隊員の乗るアムトラックが波打ち際に近づくにつれ、急速にあきらかになったのである。

　アメリカ軍の先頭を行くアムトラックは、期待通り珊瑚礁を簡単に乗り越えたが、その直後に重機関銃、迫撃砲、大砲の一斉射撃を浴びて、岸に到達する前に早くも8両が沈没し、さらに銃弾あるいは砲弾の破片によって穴があき、補給資材を取りに沖に引き返す途中で沈没する車両が続出した。ドリュース少佐がウェリントンで追加した装甲は、小銃弾にはたしかに効果があったが、重機関銃の弾丸まで跳ね返すことはできなかったのである。また車体上部に新設した機関銃に防盾がなかったために、射手が死傷する例がとりわけ多かった。

　結局アムトラックは35両だけが生き残り、52両のLVT-1と30両のLVT-2が日本軍の射撃で破壊され、8両が機械的な故障で動けなくなった。撃沈あるいは撃破された車両の内訳は、珊瑚礁通過後に砲弾の直撃で沈没したのが35両、沈没は免れたが動けなくなったのが26両、陸に上がったあと燃料タンクに被弾して炎上したのが9両、地雷を踏んで大破したのが2両だった。アムトラックに搭乗した海兵隊員500名のうち323名が死傷したが、そのなかには第1波の先頭に立って接岸中に命中弾を受け戦死した大隊長のドリュース少佐も含まれていた。

　こうして多大の損害を蒙りながらも、第1、2波のアムトラックはかなりの数の海兵隊員を直接島まで送り届けるのに成功したが、そのあとの3、4、5波はそうはいかなかった。彼らが乗った上陸用舟艇が、海兵隊のかねての心配が現実となって、岸辺から300ないし700mの沖合いで次々と珊瑚礁に乗り上げ、停止してしまったのである。やむなく船を降りた兵士たちは激しい弾幕のなかを、水につかりながら岸に向かって歩きはじめた。このような状況下では1挺の機関銃があれば舟艇1隻分の兵士をなぎ倒すのはいとも簡単であり、そのため彼らはたちまち制圧されて、夥しい死傷者を出した。

　上陸グループには、海兵隊上陸戦闘軍団第1戦車大隊所属の10数両のM4A2シャーマン戦車も加わり、LCMに載せられて島に向かったが、これも兵士を乗せた舟艇と同じく手前の珊瑚礁にひっかかり、戦車だけが水中に下りて岸に向かって前進した。しかし無事に上陸したのは3両だけで、あとは浸水してエンジンが停止したり、艦砲射撃の砲弾にえぐられた水底のくぼみにはまったりして、途中で立ち往生してしまった。上陸作戦で戦車が満足な活躍を見せるようになったのはずっとあとのことで、タラワではこうして先鋒部隊が浜に到達するいちばん大事な時期に、戦車が味方を援護できなかった。これは重大な問題であり、戦闘終了後に解決策として水陸両用戦車の構想が浮上したのも当然であった。

　アメリカ軍は76時間にわたる激戦の末ベティオ島を占領したが、そのために払った犠牲はあまりにも大きかった。日本軍守備隊の2600名がほぼ全員戦死したのに対し、海兵隊の死傷者は3400名にものぼり、戦死者がその三分の一を占めた。海兵隊は、上陸用舟艇を降りて水中を歩かねばならなかった兵士たちの悲劇を二度と繰り返さぬよう、タラワ以後、敵

が待ち構える島への上陸には、かならず兵士全員がアムトラックに乗るようになった。海兵隊が行なった事後分析でも、もしタラワでアムトラックを使わずに、先鋒グループが全員LCVPまたはLCMに乗っていたら、作戦は完全に失敗に終わったはずだという結論が出たのであった。アメリカ本国では、タラワの甚大な損害に非難の声が高まったが、それが逆に追い風となって、アムトラックの増強を求める海兵隊の要求はいっさいの妨害なしにすんなりと通り、かねて海軍がアムトラックに対して抱き続けてきた偏見も、いつのまにか霧散消滅してしまった。いっぽうこのあと南西太平洋において上陸作戦を担当する予定のアメリカ陸軍は、タラワの戦闘経過を注意深く分析した後、自分たちのアムトラック部隊の増強に乗り出した。

amtanks and fire support

アムタンクの出現

　アムトラックに戦闘力をもたせる発想は、かなり古くから存在した。1941年にフォード・マシナリー社がLVT-2を開発中に、装甲と火砲を強化してアムトラックの戦闘力を高める話が突然持ち上がったのも、その流れに沿った動きのひとつだった。当時アメリカ軍はタラワのような激戦をまだ経験していなかったが、いずれアムトラックが日本軍戦車と対決する日がくるに違いないという危機感の盛り上がりが、この話につながったのだった。
　これに応えてフォード社は、LVT-2の薄い外板を6mmと12mmの装甲鋼板に置き換え、37mm口径のM6戦車砲を搭載する案をまとめた。主武装を37mm砲としたのは、重量とリコイル（発射の反動）の点でこの大きさが限度と判断したからであり、また37mm砲なら、コンパクトなM5A1スチュアート軽戦車の砲塔におさまる利点もあった。ただし砲塔後部の無線機格納バスル（張り出し）を切り落とす必要があり、そうすれば砲塔の背後にスペースができて、リング銃座に載せた7.62mm機銃を2挺据えることも可能だった。この改造によって全体の重量が3トン増大するが、武装した車両では兵員や補給資材の輸送はしない約束だったから、浮力不足に陥る心配はなかった。
　この設計案は海兵隊の受け容れるところとなって、制式名称LVT（A）-1が与えられ（Aはアーマーすなわち装甲を表す）、タラワ占領1ヶ月後の1943年12月に生産が開始された。これが一般にいうアムタンク（Amtank）あるいはアンフタンク（Amphtank）のはじまりである。いっぽう陸軍も負けじとばかり、ほぼ同じ時期に装甲を施したアムトラックをT33の名称で発注したが、こちらは前面と側面の装甲はLVT（A）-1なみだが大砲も機関銃座もなく、したがって車内スペースはLVT-2なみという、いわばLVT（A）-1とLVT-2の中間をいく車両で、LVT（A）-2の名で同じく1943年末から生産に入った。
　タラワ攻略の後、陸軍は既存の戦車を水陸両用に改造する研究を開始した。これには2種類あって、ひとつは「準水陸両用」というか、比較的水深の浅いところで舟艇を下りたあと水底に岩などがあっても、スリップせずに確実に前進していける特殊な履帯をそなえたタイプで、もうひとつは特製の浮力増加装置と推進装置を取り付けて沖の輸送船から海面に下ろし、そこから波打ち際まで自力で航行する本格的なタイプだった。前者の特殊履帯は何種類もつくられて、その後の上陸作戦でM4シャーマン、M5A1スチュアート両戦車に広く用いられたが、後者の、たとえば後に沖縄で20両のシャーマン戦車に使われたM19型航行装置のような立派なシステムは、完成までにかなりの時間を費やしたため、実戦に登

場したのが戦争の終る直前になってしまった。

　アメリカ軍は1944年なかばに、イギリスで開発されその後有名になったDD型シャーマン戦車(DD=Duplex Drive:履帯とスクリューの二系統駆動方式)をノルマンディ上陸作戦に登場させたが、この本格的な水陸両用戦車はその後もヨーロッパでは使われ続けたのに、太平洋戦線には一度も姿を見せなかった。だいたいアメリカ軍は特殊な装備に関しては、ヨーロッパ戦線と太平洋両戦線の間で連携プレーらしきものがほとんど見られない不思議な軍隊で、だからLVTはDD戦車とは逆に、ヨーロッパのアメリカ軍がまったく興味を示さず、そのためノルマンディに登場して名を馳せるチャンスを逸してしまったのであった。

陸海軍の部隊編成
Amtrac Organization

　1943年4月時点の海兵隊の組織・装備の一覧表によれば、各海兵師団ごとに1個の水陸両用トラクター大隊があり、大隊内には3個の中隊があって、大隊全体のアムトラック保有数は100両だった。したがって海兵隊全体では11個の水陸両用トラクター大隊と、それを支援する各種の小規模グループが存在したことになるが、これが翌1944年春、ちょうどクエジェリン攻略戦が終って次のサイパン攻撃が始まる時期になると、上陸作戦実施に際してトラクター部隊同志がより密接に協力できるよう、全部のトラクター大隊が師団から切り離され、海兵隊内の独立した存在に変わるのである。

　1943年10月には、海兵隊と陸軍の双方に、あらたにアムタンク部隊が誕生した。ただし部隊名も組織も別々で、名称は海兵隊が「水陸両用装甲車大隊」(Armored Amphibian Battalion)なら陸軍は「水陸両用戦車大隊」(Amphibian Tank Battalion)であり、編成は海兵隊の場合、各々18両のLVT(A)-1を有する中隊4個が集まって大隊を構成し(合計すると

オランダ領インド(現在のインドネシア。当時はまだ植民地だった)のシャウテン島で、日本軍の塹壕に向けて機銃掃射を行なうLVT(A)-2。陸軍第2特別工兵師団支援砲兵中隊が改造した火力支援車両で、中央部に多連装ロケット発射機が顔を出し、その横にP-39エアラコブラ戦闘機の37mm機関砲が見える。(US Army)

1944年3月以降に生産された後期型のLVT-2。運転席が装甲板で保護され、後部の空気取入れ口に立派な水除けカバーがつき、前面と側面の外板に厚手の装甲鋼板を使っている。陸軍のアムタンクLVT(A)-2も同じ車体構造をもち、しかも外観がこのLVT-2そっくりだから、両者は見分け難い。写真は硫黄島で撮影された海兵隊のLVT-2で、機関銃の防盾は現地製。(USMC)

LVT(A)-1が72両)、ほかに大隊司令部が3両のLVT-2を保有するのに対して、陸軍は各々17両のLVT(A)-1を有する中隊4個が集まって大隊を構成し(LVT(A)-1が合計で68両)、それに司令部直属の4両のLVT(A)-2が加わるというふうで、たしかに違ってはいたが、大局的に見ればあまり差はなかった。陸軍は後にこの編成を少し拡大して、各中隊に18両のアムタンクと2両のアムトラックを与え、ひとつの大隊が75両のLVT(A)アムタンクと12両のLVTアムトラックを保有するように変更している。

　陸軍はアムタンク大隊と一緒に、それまでなかったアムトラック大隊も誕生させた。1942年に最初のテストを行なって以来、陸軍内部には取扱いの難しさを理由にアムトラックを疑問視する声が強く、それが長らくアムトラック部隊の結成を妨げていたが、最前線の部隊は南西太平洋の浅瀬の多い海岸で物資を運ぶのにアムトラックが最適なことを見抜き、早くから配備を要請していた。しかしアムトラックの配備は海兵隊優先ときまっていたため陸軍はあと回しになり、前線部隊に届いたのは1944年に入ってからだった。

　1943年10月27日、カリフォルニア州フォート・オードの上陸戦闘訓練センターで、陸軍のアムタンク2個大隊とアムトラック2個大隊の編成が完了した。隊員はいずれも既存の装甲歩兵隊と戦車隊から抜擢された精鋭だった。この陸軍初のアムトラック大隊は構成が海兵隊と微妙に違い、大隊内にそれぞれアムトラック51両を保有する中隊が2個あって、大隊全体での保有数は119両にのぼった。すでに述べた通り、アムトラックは海兵隊によって生まれ、海兵隊により育てられたも同然の車両だが、面白いことに第二次大戦中に結成された上陸作戦専門の大隊の数を数えると、アムタンク大隊は陸軍が7個で海兵隊が3個、アムトラック大隊は陸軍が23個で海兵隊が11個というふうに、陸軍が断然多いのである。そのため戦争中生産されたアムトラックの55パーセントが陸軍に納入され、海兵隊が受け取ったのは40パーセントに過ぎなかった。

クエジェリン環礁──アムタンクの実戦デビュー
Debut of the amtank

　1943年12月、アメリカ軍がニューブリテン島のアラエとケープ・グロースターに上陸し、

海兵隊第1トラクター大隊が補給物資の海上輸送に活躍した。続いて1944年2月にはいよいよマーシャル群島攻略戦が開始され、タラワ以来の大規模な戦闘が展開されるなかで、陸軍と海兵隊の水陸両用車部隊が大活躍することになった。

マーシャル群島のクエジェリン環礁は、長さ100kmにわたって点々と連なる小島が差し渡し35kmのとてつもなく大きな礁湖を取り巻き、規模の点で世界一であると同時に、アムトラックの活躍にはまさにお誂え向きの場所だった。アメリカ軍司令部はタラワの血みどろの激戦が繰り返されるのをおそれて、短期間で日本軍を制圧すべく、クエジェリン攻略に持てる限りの戦車とアムタンクを投入した。

クエジェリン島と、環礁内のその他の小さい島々に対する攻撃は、臨時編成の陸軍水陸両用トラクター大隊が主力となり、それを創設間もない海兵隊第1水陸両用装甲車大隊が支援した。陸軍の臨時編成大隊は、実質は陸軍アムタンク部隊中の最精鋭といわれた第708水陸両用戦車大隊であり、ただ同大隊に充分な数のLVT（A）-1が揃っていなかったので、緊急によそからLVT（A）-1、LVT（A）-2、LVT-2を兵士ごと持ってきて補充し、それで臨時部隊ということになったのだった。

この作戦は、陸軍と海兵隊のアムタンクLVT（A）-1がはじめて実戦を経験した点で記念すべきものとなったが、その一方で海兵隊が戦力増強のために第4水陸両用トラクター大隊の一部を割いて第10、第11水陸両用トラクター大隊を緊急編成したのが裏目に出て、戦闘の場で大混乱を引き起こして大きな汚点を残した。作戦の実施を目前にして慌てて増強をはかったために、訓練の時間が不足したのが原因だった。

この当時の海兵隊の戦法は、1波、2波と順番に海岸に押し寄せるアムトラックのグループそれぞれの前方に、少数のアムタンクが横一列に並んで先導役をつとめるのを正規とした。これは艦砲射撃が味方に命中しないよう、波打ち際からある程度離れた遠くを狙わざるを得ないので、その空白地帯にひそんで射撃してくる敵を、アムタンクの火力で制圧しようとしたのである。

もう少し具体的に説明すると、各グループのすぐ前方に17ないし18両のアムトラック（LVT（A）-1）が横一列に並んで先導し、敵の陣地がこちらの射程内に入ったと見ると、37mm砲と3挺の7.62mm機銃で射撃を開始するのである。というとたいへん勇ましく聞こえるが、その射撃の威力はじつは知れたもので、真の狙いは個々の敵陣地の破壊よりも、ともかく敵兵に頭を引っ込めさせることにあった。そしてアムタンク大隊の作戦実施要綱によれば、浅瀬にさしかかって履帯が水底につくと同時に舵を切って車両をわきに寄せ、後続のアムトラックに道を譲って停止し、間もなく戦車がやってくるまで、そうやって半分水中に沈んだまま援護射撃を続けることになっていた。なぜそうするかというと、アムタンクは装甲が貧弱だから、陸に上がって敵に全身を曝すのは危険であり、対戦車砲弾が命中したらそれこそひとたまりもないからだった。

しかしアムトラックに乗った兵士たちにしてみれば、せっかく頼りにしたアムタンクが遠巻きにして近寄ってこないのだから、これは納得できなかった。彼らの指揮官たちも同様で、アムタンクは自分たちと足並みを揃えて陸に上がるべきだと口を揃えて主張した。これに対してアムタンクのクルーたちは、そもそも援護射撃は後続の戦車の役割であって、弱体のアムタンクに無理に前進せよと命令するのはまったく理屈に合わないと反論した。この論争は、マーシャル群島の戦いが終ってからもなお、海兵隊の内部で延々と続いたといわれる。

この問題は客観的に見る限り、アムタンクの装甲の強さ（弱さというべきか）に対する認識の差に原因があったように思える。徒歩上陸隊の指揮官たちは、「タンク」の三文字に幻惑されて、アムタンクを海兵隊のM4A2シャーマン戦車とあまり違わない強力な兵器と

思い込んでしまったのではないだろうか。

　マーシャル群島の上陸作戦は、幸いにもタラワの泥沼のような膠着状態を再現せずにすんだが、それはタラワと違って日本守備軍が狭い場所に固まらずに広く分散していたのと、アメリカ軍がタラワで学んだ教訓を充分活かしたからだった。海兵隊に第4戦車大隊が随伴したことと、クエジェリンの陸軍部隊が第767戦車大隊の支援を受けたことが、戦局の進展に大きく寄与したのである。しかしその一方で、アムタンクの援護射撃は大きな問題を残した。せっかく苦心して据え付けた37mm口径のM6戦車砲が、ほんの一握りの日本軍戦車に対して効果を発揮しただけで、敵兵が潜む陣地に対してはほとんど無力だったからである。

　クエジェリン上陸戦が終了した2日後に、第4海兵師団の第4、第10水陸両用トラクター大隊が第1水陸両用装甲車大隊の援護のもと、すぐ近くのロイ島とナムール島を占領して、マーシャル群島攻略戦は終わりを告げた。

1944年夏、占領したマーシャル群島周辺の海域で演習に励む海兵隊第1水陸両用装甲車大隊の2両のLVT（A）-1。アムタンクの使い方はなかなか厄介で、海岸に接近した時、半ば水中に隠れた状態でストップして砲撃を開始すべきか、それともまともに上陸して敵に全身を曝しながら砲撃すべきか、攻撃部隊内部で意見が割れて論争になった。（USMC）

新型アムタンクLVT（A）-4
The LVT（A）-4 Amtank

　そのころフォード社ではアムタンクのニューモデル、LVT（A）-4の開発が終わりに近づいていた。LVT（A）-4の最大の特徴は、その主砲にあった。旧型のLVT（A）-1がM5A1スチュアート軽戦車の砲塔を使ったのに対して、LVT（A）-4はM8（M5A1のシャシーに75mm短砲身榴弾砲を載せた自走砲で、特に呼び名はない）の砲塔を搭載していた。そのためM8と同じ大型の砲塔旋回リングが必要となり、邪魔になる車体後部2個所の機関銃座がそっくり取り払われてしまったが、これは大いに問題だった。設計者が物事を割り切る歯切れのよさで人を驚かすのはそう珍しいことではないが、この場合もおそらくあまり悩んだりせずに、簡単に決断したに違いない。そして結果は最悪だった。実戦に投入されるや、後部機関銃座

を欠くことがLVT(A)-4の致命的な弱点であることが、たちまち証明されてしまったのである。

　主砲を強化したアムタンクと並行して、火焔放射砲を装備したアムトラックおよびアムタンクの開発も進められ、LVT(A)-1にE7型およびE14-7R2型火焔放射砲を載せた試作車が完成したが、なぜか太平洋戦線には配備されなかった。しかし前線部隊の火焔放射砲に対する要望は根強いものがあり、陸軍第708水陸両用戦車大隊は、5両のLVT(A)2とLVT(A)-1の前面に小さい窓を開け、そこから歩兵の携帯用火焔放射器が覗くように自力で改造した。この車両はクエジェリンで上陸部隊が実際に使用したが、やはり携帯用では火炎の届く距離に限りがあり、あまり有効ではなかった。

　これとは別に、同じく陸軍の第2特別工兵師団支援砲兵中隊が、多数のLVT(A)-2を現地で火力支援車両に改造した。これは1両のアムトラックにMkⅦ型4.5インチ(114.3mm)ロケット弾発射機4基と、12.7mm M2重機関銃3挺および回転砲座つきの37mm MkⅣ機関砲(P-39エアラコブラ戦闘機が装備しているのと同じもの)を搭載するという、本格的な改造だった。海兵隊も負けじとロケット弾発射機を搭載したアムトラックを準備したが、同じ発射機を装備した上陸用舟艇の目覚しい活躍の陰にかくれて、ほとんど目立たなかった。

　こうしてアムタンクの武装強化がどんどん進み、その結果装甲も武装もないアムトラックの存在価値が薄れたかというと、そんなことはなかった。タラワの教訓を活かしてLVT-2をLVT(A)-2に進化させたはずなのに、タラワのあと陸軍はLVT(A)-2をほんのちょっぴり購入しただけだったし、海軍もこれまたLVT(A)-2を避けてLVT-2だけを調達した。海軍は、基本的にアムトラックは資材を輸送するための道具であり、それには装甲なしのほうが積載量が増えて得だと割り切って考えていた。もちろんアムタンクも必要だが、それにはオプション装甲キットを用意して、必要に応じてアムトラックに取り付けて即席でアムタンクに早変わりさせれば、それで用が足りるという考えだった。

　このキットは厚さが1/2インチ(12.7mm)と1/4インチ(6.4mm)のあらかじめ切断した装甲板を揃えたもので、それを車体に溶接するだけでよく、1/2インチの板で前面と操縦席を、1/4インチの板で側面のポンツーンを覆うようになっていた。それだけでは不足とばかり、これに上乗せして自分たちの手で追加装甲を施した部隊もあったらしく、たぶんその影響だと思うが、1944年3月以降生産されたLVT-2はすべて、操縦席まわりだけが最初から装甲板で覆われていた。

　この調子で戦争が終るまでに、さまざまな場所で、またさまざまな手順でLVTに装甲板が追加されることになったが、その全部にひとつだけ共通点があり、それは小火器に対しては有効でも、砲弾の破片や重機関銃の弾丸が当たると簡単に穴があくことだった。だから敵弾のなかを突進して接岸後に再び沖に取って返す時、舷側のポンツーンに穴があいていないかどうかよくしらべてからでないと、途中で浸水して沈没する危険があった。実際アメリカ軍はアムトラックのクルーに見つけた穴を塞ぐための木製プラグ(栓)を支給して、実戦ではかならず携行するよう義務づけていた。

マリアナ諸島の戦い
Battle for the Marianas

　中部太平洋マリアナ諸島のサイパン、グアム、テニアン島攻略戦は、1944年の6月から7月に予定され、開戦以来最大規模の上陸戦闘となることが予想された。水陸両用車に関しては、ともに最新型であるアムタンクLVT(A)-4とアムトラックLVT-4の参加がこの作戦の鍵で、陸軍は第708水陸両用戦車大隊が、傘下の4個中隊全体で16両のLVT(A)-4と52両のLVT(A)-1を揃え、一方の海兵隊も創設間もない第2水陸両用装甲車大隊所有の水陸両用車両のほとんどがアムタンクで、しかも新型が大勢を占めるという、頼もしい陣容

サイパン島上陸のDデイ、1944年6月15日に海岸に到達した陸軍第708水陸両用戦車大隊のLVT（A）-1。陸軍も海兵隊もLVT（A）-1の火力不足に悩み続けたが、それにもかかわらずLVT（A）-1は戦争末期まで生き長らえた。前方の車両の後部に2個所、筒形防盾つきの機関銃座が見える。(USMC)

だった。

　サイパン島攻撃の「フォーレジャー」作戦は、1944年6月15日に開始され、陸軍第708水陸両用戦車大隊ならびに海兵隊第2水陸両用装甲車大隊のアムタンクと、陸軍第534、第715、第773水陸両用車大隊と海兵隊第2、第4、第10水陸両用車大隊のアムトラックを併せて700両にのぼる水陸両用車両が参加した。

　サイパンが攻撃されるころになると、小さな島を守る日本軍は、従来と異なる戦法で抵抗するようになった。海岸に沿って防御陣地を築いても、猛烈な砲爆撃の格好の餌食になるだけだと悟り、特に比較的大きな島の場合、内陸に地形を巧みに活かした厳重な陣地を築き、そこに主力を集中した。それゆえにサイパンでは、タラワのような波打ち際における戦闘がなかったかわりに、上陸したアメリカ軍は、内陸の陣地から突然現れて不意討ち攻撃をかけてくる小グループの日本兵に悩まされ続けた。日本軍は時には戦車まで動員した。この戦いで第708大隊水陸両用戦車大隊は奮闘目覚しく、その功が認められて、大統領殊勲賞を受領した。

　サイパン島を1944年7月9日に占領したアメリカ軍は、ほとんど休むひまなくグアムおよびテニアン島を攻撃、どちらもサイパン同様、アムトラック部隊が真っ先に上陸した。グアム島では7月21日、海兵隊の第1、第2水陸両用装甲車大隊と、第3、第4水陸両用トラクター大隊の総計358両のアムタンクとアムトラックが戦闘に加わり、一方テニアン島では、陸軍と海兵隊の総計68両のアムタンクと465両のアムトラックにより攻撃グループが形成された。

　テニアンは浜辺沿いに珊瑚礁が盛り上がってできた低い崖があり、そこを乗り越えるために、海軍は車体の上に材木を並べて傾斜路とした特製のLVT-2を用意した。兵士たちに「蟻地獄」と呼ばれたこの車両が攻撃グループの先頭を切って上陸し、崖に頭をつけるような格好で停止すると、後続のアムトラックがその上を通過して崖に這い上がるという寸法だっ

マリアナのテニアン島には海岸に沿って珊瑚の死骸でできた低い崖があり、アムトラックにそれを乗り越えさせるために、写真の「蟻地獄」が活躍した。これはLVT-2の上に櫓をつくり、その上に材木を並べて傾斜路を形成し、そこを通ってアムトラックが崖によじ登るという仕掛けで、テニアンでは6両が投入された。(USMC)

た。この櫓を準備したのは海兵隊の第2水陸両用トラクター大隊だったが、とかく大混乱に陥りやすい上陸戦の真っ只中で、この「蟻地獄」がじつにうまく機能したのは立派だった。

　過去に何回もの上陸戦闘を経験したおかげで、アメリカ軍はマリアナを攻めるころには、いっぱしのエキスパートに成長していた。このことはアムトラック大隊の士官たちが戦闘終了後に提出した報告書によく表れていて、車両の欠点を正しく指摘すると同時に、注目に値する改善案を示したものが多かった。彼らはまずアムトラックの装甲の貧弱さと、装甲キットに機関銃の射手を護る防盾が欠けていた点を強く批判した。防盾の問題は、自分たちで新規につくるか、それとも海軍の上陸用舟艇の防盾を外して持ってくるか、どちらかの方法で解決するしかなかった。そのほかアムトラックの全体配置に疑問を投げかける意見もあり、上陸後に下車するには舷側を乗り越えなければならず、これが敵に身を曝すことになって非常に危険だとする指摘が多かった。幸いなことにこれらアムトラックの問題点のいくつかは、アメリカ本国で技術者たちがすでに改善に着手していた。

　マリアナの戦いはまた、アムタンクの問題点をも浮き彫りにした。まずLVT(A)-1だが、この車両は総合的に見て、上陸作戦には向かないと認めざるを得なかった。日本軍の戦車がほんの少ししか現われず、そのためせっかくの37mm戦車砲が宝の持ち腐れになって、なんの役にも立たなかったからである。唯一好評だったのは後部の筒形防盾つきリング銃座に載せた2挺の7.62mm軽機関銃で、バズーカ砲のような近接型の対戦車兵器を欠く日本軍が、磁気地雷を携行した兵士の肉薄攻撃で抵抗したため、その撃退にこの機銃は不可欠だった。

　次にLVT(A)-4についていうと、このアムタンクの最大のセールスポイントだった75mm砲は、概して好評だった。上陸戦闘ではLVT(A)-1の37mm戦車砲よりも、この75mm短砲身榴弾砲のほうがはるかに役に立ったからだ。しかしその一方で、LVT(A)-1のような後部機銃がないのが大きな欠点となった。戦車ならかならずそなわっている、主砲と同軸の7.62mm機銃すらなく、機関銃はただ1挺、砲塔上のリング銃座に12.7mm M2重機関銃があるだけだった。だがそれには防盾がなく、射撃時に射手が砲塔上に身を曝すことになるため、敵弾を受けやすかった。要するにLVT(A)-4は、LVT(A)-1よりも攻撃力にすぐれていたが、その反面防御力が劣っていたのである。それでも戦闘のあとクルーに訊ねると、みんな口を揃えて「アムタンクはいいですよ、とにかく機関銃があるんだから」と言ったというから、LVT(A)-1にせよLVT(A)-4にせよ、機関銃の威力はたいしたものだったに違いない。そのほか砲塔が開放型で天井がなく、手榴弾など頭上からの攻撃に弱いのも問題といえた。

　個々の弱点の指摘にとどまらず、第708水陸両用戦車大隊の士官たちのなかには、アムタンクのあたらしい使い方を提案した者もいた。アムタンクを完全な自走砲に仕立てて、乗員に徹底した砲撃の訓練を施し、もっともっと有効な援護射撃をやらせたらどうかというのである。もうひとつはどちらかというと正統派の意見で、いったん海岸を制圧して戦車を揚陸させたら、敵陣地の直接射撃と歩兵の援護は戦車にまかせて、装甲の薄いアムタンクは後方に下げたほうがいいというものだった。さらにアムタンク部隊の報告書には、LTV(A)-1の使用を即刻中止して、LTV(A)-4の改造型と交代させるべきだとする強い見解を添えたものが多かった。

　これら実際に戦闘に加わった兵士たちの意見を、全部ではないができる限り反映して、LVT(A)-4の改良型が生まれた。不思議なことにこの改良型には固有の制式名称が与えら

れず、その誕生を促した上陸作戦にちなんで、単に「LVT（A）-4マリアナモデル」とだけ呼ばれた。LVT（A）-4と違うのは、砲塔上の12.7mm機銃がリング銃座とそれを支えるルーフプレートごと撤去され、代わりに垂直スピンドル上で回転する2挺の7.62mm機銃が取りつけられたのと、それとは別にボールマウントの7.62mm機銃が1挺、車体前面に新設された点だった（最後の前方機銃は、じつはマリアナ作戦以前に開発が終り、最新のLVT（A）-1に装着ずみだった）。

　この「LVT（A）-4マリアナモデル」は最前線の部隊へ届くのに時間がかかり（1945年になってようやく到着）、そのためどの部隊も待ちきれずに、自分たちの手で砲塔上の機関銃座に防盾を取りつけたり、7.62mm機銃を追加するなどした。

　こうした慌ただしい動きとは別に、LTV（A）-4の主砲を近代化する動きがあり、1945年に動力操作の砲塔にジャイロスタビライザーつきの榴弾砲を装備したLVT（A）-5が完成している。またその傍らで1943年以降、陸軍のアムタンク火力増強プロジェクトにより水陸両用自走砲T86の開発が進んでいたが、これは要するにM18（新設計のシャシーに76mm砲を搭載した小型の駆逐戦車で制式名称ヘルキャット。1943年夏に生産開始）を水陸両用型に直した車両だった。このT86と、その主砲を105mm榴弾砲に換装したT87は、両方とも開発が順調に進んで1944年末に試作車のテストが終り、量産の一歩手前まで到達したが、皮肉なことにその頃には陸軍と海兵隊のアムタンクへの関心はすっかり薄れ、そのため生産指示が出ることなく葬られてしまった。

次世代型アムトラック
New Amtracs

　海兵隊内に組織され活動を続けていたLVT改良促進委員会は、すでに1942年にLVTの大きな欠点に気づいていた。それは積み荷の取扱いで、貨物室が四方を壁に囲まれている関係で、クレーンを使わないと積み下ろしができないのである。そうとわかったからには、生産中のLVT-2のラインを即刻ストップしてでも改良すればよさそうなものだが、戦時中のこととてそうもいかず、とりあえず生産は続行して、その傍らで改良促進委員会と海軍が協力して急ぎ改良型の開発を進めることになった。

　この委員会は、積み下ろしの問題が脚光を浴びる以前の1942年早々に、LVT-1の機動性を高める目的でふたつの改良プロジェクトを発足させたばかりだった。そのうちのひとつ、フォード・マシナリー社が担当した改良型LVTは、履帯とサスペンションの機能は大幅に向上したが、車体中央部の貨物室は手つかずのまま1942年末に開発が終了して、1943年1月からLVT-2として生産に入った。

　フォード社はさらに、このLVT-2の基本設計が1942年春に完了したあと、LVT-2をベースにして貨物室の改良にまで踏み込んだ、もうひとつ別の設計案を平行して進めることにきめた。後にLVT-4として制式採用されたこの新型車は、思い切ってエンジンを前方に移して車体のうしろ半分を貨物室とし、その後部に後方に向けて開く大型のランプドアをそなえることによって、ジープ程度の小型車両や分解した大砲などを楽々と載せ降ろしできた。1943年11月にはこのLVT-4の量産命令が出て、12月に1号車がラインオフし、1944年6月のサイパン島上陸にはじめてその姿を現した。LVT-4は戦争中他のいずれのアムトラックよりも数多く生産され、終戦時には全アムトラックのほぼ半数をLVT-4が占めるに至った。しかし実戦参加が遅かったために、戦争の最後の半年間だけ最前線で活躍したに過ぎなかった。

　海兵隊と海軍は、かつてLVT-2をベースにLVT（A）-2が生まれたのと同様に、このLVT-4にも装甲鋼板の車体を持つ派生型を計画して、LVT（A）-3の名のもとに試作車まで製作したが、結局は任意装備の装甲キットを準備することで満足した。

以上が1942年にLVT改良促進委員会が発足させた、一番目のプロジェクトの顛末である。では同委員会がスポンサーとなった二番目のプロジェクトはというと、これが後にやはり制式採用されてLVT-3となった車両であった。

　1942年に海軍艦船局は、大手の自動車用ギヤ製造会社ボルグワーナーの傘下にあったモース・チェーン製造会社に、LVT-1アリゲーターの素朴であまりぱっとしない履帯とサスペンションを改良するよう依頼した。すると折り返しボルグワーナー社から、車体全体配置の変更にまで踏み込んでよければかなりいい結果が得られるであろうとの提言があり、海軍はこれを承諾した。これがいわゆる「ボルグワーナー・モデルA水陸両用車」のはじまりで、1942年8月に試作車が完成し、テストのためにフロリダのLVT開発管理局に送られてきた。

　「ボルグワーナー・モデルA」は、追加兵装セットを車体にボルト締めすると、M3A1スチュアート軽戦車の砲塔をそなえたアムタンクに早変わりするのが特徴で、つまり必要に応じて、戦闘用のアムタンクと純輸送用のアムトラックのどちらにも素早く変身できるのがミソだった。フロリダにおけるテスト結果は良好だったが、ひとつ引っかかったのは、当時すでに実用段階に入っていたLVT-2ウォーター・バッファロー、あるいはそのアムタンク版であるLVT(A)-1とくらべて、使い勝手の上でなにも違いがないことだった。それでいったんは量産にストップがかかったが、海軍はモデルAの真価がその斬新な履帯とサスペンションにあることを熟知していたから、とりあえずテストで判明したモデルAの細かい問題点を修正してモデルBをつくるよう、ボルグワーナーに命じた。

　ところがこの改良作業が、偶然にもLVT開発管理局が推進中の一番目のプロジェクト、すなわち貨物室を後部に移したLVT-4の開発とタイミングが一致した。そこでボルグワーナー社は、まずLVT-4の最大の長所である後部貨物室にうしろ開きのランプドアを組み合わせたレイアウトを、モデルBにそっくり移植することにした。そしてさらにキャディラックの110hpエンジンを舷側のスポンソンの中に移して貨物室を広げるという、思い切ったアイデアをも導入した。

　こうしてモデルAの試作車から数えてちょうど1年後の1943年8月に、改良成ったモデルBの試作車が完成し、カリフォルニア州のキャンプ・ペンデルトンでテストを受けた。その結果試作車の車体に使った装甲鋼板はやめて普通の軟鋼薄板に戻し、別途オプション装甲キットを用意することを条件に、量産化が決定した。この車両は型式がLVT-3、制式名称がモデルBあらため「ブッシュマスター」ときまり、第1ロット1800両の生産がはじまったのが

LVT-3ブッシュマスターは沖縄ではじめて実戦に参加し、第6海兵師団が上陸部隊の輸送に使った。写真の車両はいずれも船首にオプション・キットの装甲板を「あとづけ」している。（USMC）

後方から見たLVT-3Cブッシュマスター。後部の貨物室にルーフがつき、写真では見えないが前方にボルト締めした砲塔がある。
(Author's Collection)

1944年3月だった。海兵隊は、従来のウォーター・バッファローすなわちLVT-2、LVT-4にくらべて格段にすぐれたこのブッシュマスターのサスペンションとエンジンの性能を量産車で再確認して、あえて新型車採用に踏み切ったことにあらためて満足したといわれる。

LVT-3は、1945年の沖縄攻略戦ではじめて実戦を経験した。

late-war landings
太平洋戦争後期の上陸作戦

パラオ諸島
The Palaus

　アメリカ軍は中部太平洋における島から島への「蛙飛び」作戦の次なる目標として、カロリン群島のパラオ諸島に狙いを定め、日本軍の主力がたてこもるペリリュー島には海兵隊が上陸し、隣接するアンガウル島を陸軍部隊が攻撃する計画をたてたが、両島とも強固な防御陣地に護られ、タラワの激戦の再来になるおそれは充分だった。タラワ以降日本軍の戦法が変化したことはすでに触れたが、マリアナのあとも変化は続き、タラワ守備軍の4倍の規模はあろうかというここペリリューの日本軍は、海岸における戦闘を放棄したのはもちろんのこと、そのあとに続くほとんど自殺に近いバンザイ攻撃も捨て、ひたすら内陸の岩山にたてこもって徹底抗戦する構えを見せた。

　いっぽうのアメリカ海兵隊の上陸戦法も、経験の積み重ねによって著しく進歩したが、アムトラックの数の不足が依然として足枷になっていた。一例をあげれば、第1海兵師団の場合、攻撃目標として指定された海岸3区画に1個連隊を上陸させる計画になっていて、その輸送を1個アムトラック大隊に担当させ、さらに先導役を1個アムタンク大隊に引き受けさせるかたちで準備を進めていた。そして実際にはLTV(A)-1およびLTV(A)-4を保有する同師団の第1、第8水陸両用トラクター大隊と第3水陸両用装甲車大隊にこれらの任務を負わせる予定で準備を進めていた。

　ところが作戦開始の寸前に、かねて申請中だったLVT-4の新車50両が輸送船で運ばれ

1944年9月15日のペリリュー島上陸戦で、海岸の日本軍地下砲台を体当たりで制圧した、海兵隊第3水陸両用装甲車大隊のLVT（A）-4。砲塔上に12.7mm機銃を1挺持つ初期生産型で、オリジナルの状態を保っている。(USMC)

てきて突然到着し、それを作戦に組み入れるためにあわてて1個大隊を臨時編成したら、ひどい混乱が起きてしまった。どうしてかというと、最初から上陸部隊に名を連ねていた大隊のうちのひとつが、じつは比較的最近編成されたばかりで訓練が不足気味だったところへ、もっと訓練の足りない、というよりほとんど訓練されていない臨時大隊が加わったために、本番の上陸戦の段取りがうまく運ばず、めちゃめちゃに乱れてしまったのだ。

　パラオ上陸作戦は1944年9月15日にはじまり、ロケット弾発射機を搭載した上陸用舟艇がその猛烈な火力で海岸一帯を制圧する間に、アムタンク大隊に先導された3個大隊のアムトラックが岸辺に殺到した。この初期段階でアメリカ軍が受けた打撃はタラワにくらべればはるかに小さかったが、それでも手前の珊瑚礁にさしかかって前進速度が落ちた瞬間から損害が加速度的に増え、瞬く間に26両の水陸両用車が撃破されてしまった。そしてようやく浜辺に近づいたら、今度は波打ち際一帯が味方の艦砲射撃で無残に掘り返されていて、それに多くのアムタンクが引っかかり、立ち往生するものが続出した。しかし幸いなことに、サイパンでアムタンクの火力不足を痛感した第1海兵師団の主張にしたがって戦車を早期に上陸させる段取りが組んであったため、すぐに第1戦車大隊の30両のシャーマンが戦闘に加わって、短時間で海岸地区を制圧した。

　上陸した車両には、現地で改装して火焰放射銃（海軍のMk.1型で通称「ロンソン」）搭載のLVT-4が3両混じっていた。この車両は最初の2日間は出る幕がなかったが、3日目から

1944年9月15日にペリリュー島で撮影された、海兵隊第3水陸両用装甲車大隊のLVT（A）-4の勇姿。アムタンクの装甲がさほど厚くないのを承知の海兵隊は、先頭の部隊が上陸したあと一刻を争ってM4A2シャーマン中型戦車を上陸させ、その火力で内陸に向けて進撃する兵士を援護する戦法をとった。(USMC)

日本軍陣地攻撃の先頭に立って大活躍した。この火焔放射器つきのLVT-4は、数日後に上陸攻撃が始まったパラオの隣のウンゲブ島にも送られて、少数のアムトラックとアムタンクに分乗した攻撃隊に混じって奮戦した。そして最後の9月17日のアンガウル島上陸では、陸軍第726アムトラック大隊の上陸を、第776水陸両用戦車大隊のアムタンクが援護した。

　海兵隊がペリリュー島攻撃でタラワの2倍にのぼる死傷者を出したことは、アメリカ国内で大きな波紋を呼んだが、ペリリューにはタラワのベティオ島の4倍もの日本兵がいたにもかかわらず上陸作戦が遅滞なく進行した点は、高く評価されていいはずだった。総合的に見ると、第二次大戦勃発以来海兵隊が連綿と続けてきた上陸作戦は、ペリリュー島ではじめて完成の域に達したと言っても過言ではなかった。そしてグアム、サイパン、ペリリューにおける一連の成功によって、上陸の初期段階で輸送の任にあたるアムトラックと、同じく初期段階で近接火力支援に活躍するアムタンクに対する評価が、ともにゆるぎないものとなったのである。

　その一方で戦車の履帯の改良（舟艇から浅瀬に降りた時に滑らずに前進できるような工夫を指す）が進み、揚陸に手間取ることがなくなって、第1波の接岸後30分で戦車が戦闘部隊に加わるようになったのも大きな進歩だった。また上陸した海兵隊の近接火力支援にM4A2シャーマンが最適であることも、アムタンクの乗員ならずともいまや万人が認めるところとなった。そしてこの状況は、もともと火力支援が目的だったアムタンクの存在価値を、急速に低下させる結果を招いた。いまやアムタンクは、攻撃する歩兵の先頭に立って直接敵に砲弾を浴びせる戦車の遥か後方に控えて、その榴弾砲で通常の砲兵とまったく同じ間接射撃を行なうしか、役目がなくなってしまった。

フィリピン
The Philippines

　レイテ島上陸は、太平洋戦線でアメリカ軍が実施した作戦のなかで、ひときわ異彩を放

ペリリュー島上陸戦に登場した火焔放射機搭載のLVT-4。現地で改造して、地下壕にたてこもる日本軍を攻撃するのに使用した。後部（左が後部）デッキ上の大きな防盾の中に火焔放射機がある。

つ。なぜかというと、最大数のアムトラックとアムタンクが動員された超大規模作戦でありながら、人々の記憶にほとんど残ることなく、あっさり忘れ去られてしまったからだ。

この作戦は1944年10月20日に決行され、陸軍のアムトラック9個大隊とアムタンク2個大隊という、前例のない大部隊が動員されたが、海岸における日本軍の反撃が皆無であったために、アムトラックが昔ながらの資材の輸送に励んだだけで終わってしまい、おかげで陸軍はこの作戦のためにかき集めた全部のアムトラックを温存して、フィリピンの他の小さな島々への上陸にそっくり転用することができた。大きなところでは12月7日のオルモック島上陸でアムトラック2個大隊が、また翌1945年1月9日のルソン島リンガエン湾上陸でアムトラック4個大隊が、それぞれ補給任務に従事した。

硫黄島
Iwo Jima

ペリリューは、それが果たして犠牲を払ってまで占領する価値のある島なのか疑問視する声もあったが、硫黄島に関する限り、その種の迷いはいっさい存在しなかった。日本本土を爆撃する長距離爆撃機の援護と、1946年に予定されている日本本土上陸のために、この小さな火山島に飛行場を設けることが、絶対必要と見なされていたからである。

硫黄島上陸作戦は、第4、第5水陸両用トラクター大隊をはじめとする合計482両のLVTと、それを支援する第2水陸両用装甲車大隊のLVT（A)-4による上陸で始まった。ペリリューと同じく日本軍守備隊は守りに徹して、どしゃ降りの雨のように砲弾が降り注ぐ海岸から遠く離れた奥地の堅固な陣地と地下壕に潜み、そこから猛烈な反撃を仕掛けてきた。そのためアムトラックは、浜辺に到達するまではさしたる損害もなくてすんだが、上陸した瞬間に待ち構えていた日本軍の砲撃が始まって、多数の車両と兵士が犠牲になった。しかしアメリカ軍は用意周到な準備によって素早く戦車を上陸させ、兵士たちは戦車を先頭に立てて、日本軍の地下遮蔽壕をひとつひとつ潰しながら前進した。

タラワの10倍もの日本軍を相手にしたという点で、硫黄島はアメリカ海兵隊にとって最大の戦場となったが、血みどろの激戦という点ではタラワにおよばなかった。そしてタラワにおけるよりはるかに多くの戦車が上陸したために、アムタンクはますます影が薄れ、砲兵

硫黄島の海岸に向けて海上を勇ましく進撃する海兵隊のLVT（A)-4。LVT（A)-4は最初砲塔が開放型でルーフがなく、また機関銃が砲塔上の1挺だけで、日本兵の肉薄攻撃に弱かった。しかしこの写真で見る通り硫黄島攻撃までに改造が進んで、砲塔上の機関銃に防盾がつき、またそれとは別に複数の機関銃座が追加された。（USMC）

と同じように、後方から援護射撃を行なっただけであった。

沖縄
Okinawa

　アメリカ軍は沖縄で、太平洋における上陸戦の頂点をきわめた。沖縄を攻略すればあとは日本本土に攻め込むだけで、島はこれで終りである。

　沖縄本島の上陸戦は1945年4月1日に開始されたが、それに先立って琉球諸島の比較的小さい島々に陸軍部隊が上陸した。沖縄に集結した海軍の艦船の安全を確保するには、こういった小島にたてこもる日本軍を事前に制圧しておくことが必要だったのである。

　沖縄本島には陸軍と海兵隊の各2個師団が上陸し、それを12個のアムトラックならびにアムタンク大隊が支援した。上陸時の日本軍の反撃は皆無で、そのため海兵隊のアムトラックは浜辺で引き返さず、ちょうどヨーロッパでハーフトラックが陸軍の歩兵の足になったのと同様に、兵士を乗せたまま内陸深くまで進んだ。本来アムトラックがもっとも苦手とする役目だが、沖縄の例外的になだらかな地形がそれを可能にした。

　大規模な上陸作戦への参加は沖縄が最後となったが、その後もアムトラックの活躍は続いた。1945年4月17日にフィリピンのミンダナオ島、4月24日にニューギニアのサンターン湖、4月27日にスル諸島のボンガ海峡、5月26日にフィリピンのセブ島と小規模な上陸作戦がいくつか続き、最後7月1日に、アメリカ陸軍アムトラック2個大隊を含む大部隊が、ボルネオのバリックパパンへ進撃した。このバリックパパン占領では、珍しくもオーストラリア軍がアムトラックに乗って参加した。

　オーストラリア軍は1945年2月に最新のLVT（A)-4を取得し、それをきっかけに、第1水陸両用装甲車中隊と第1オーストラリア水陸両用装軌車小隊を結成したばかりだった。アメリカは1945年度に、30両のLVT（A)-4と300両のLVT-4をオーストラリアと中国（国民党）

カラー・イラスト

解説は50頁から

図版A1：LVT-1
アメリカ海兵隊大西洋艦隊所属軍団（フリート・マリーン・フォース）
「トーチ」作戦　モロッコ　1942年12月4日

図版A2：LVT-1　アメリカ海兵隊第2水陸両用トラクター大隊所属
タラワ　1943年11月20日

図版B1：LVT-4　イギリス第11戦車連隊所属
エルベ川　ドイツ　1945年4月29日

図版B2：LVT（A）-1　アメリカ陸軍第708水陸両用戦車大隊所属
サイパン　1944年6月15日

B

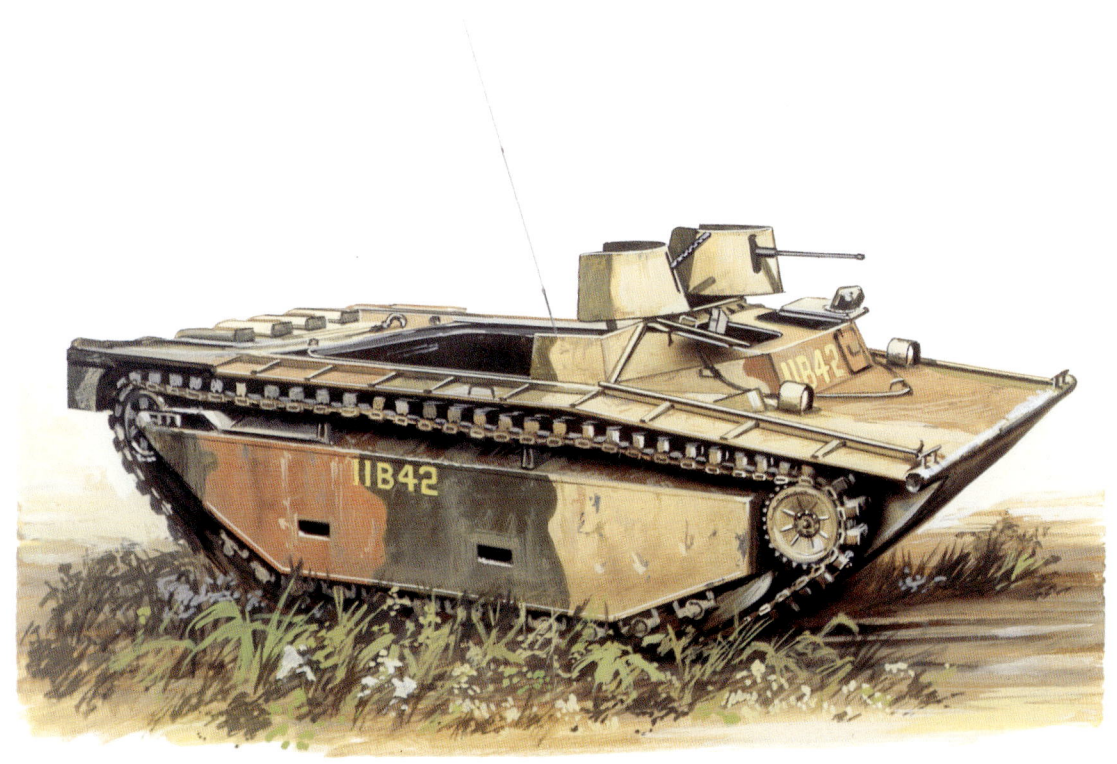

図版C1：LVT-2　アメリカ海兵隊第4水陸両用トラクター大隊
硫黄島　1945年

図版C2：LVT-3　アメリカ海兵隊第1水陸両用トラクター大隊
フンナム（興南）港　北朝鮮　1950年12月

C

図版D:
上陸用(装甲)装軌車LVT(A)-4

各部名称
1. 後方に向けて水の流れを整える整流グリッド
2. エンジン吸気口水除けカバー
3. 燃料注入口キャップ
4. エンジン
5. 折り畳んだ防水シート
6. 砲塔旋回リング
7. 12.7mm機銃弾薬箱
8. 12.7mmM2重機関銃
9. リング式機関銃座
10. 榴弾砲防護ケージ
11. 砲塔
12. M7砲架に載った75mmM3榴弾砲
13. 榴弾砲パノラマ照準器
14. 防盾
15. 防盾と一体の砲身カバー
16. 操縦手席
17. 操縦手用ハッチ
18. 操縦手用ペリスコープ突出口
19. 操縦レバー
20. 前照灯
21. 接岸時に使用するフック
22. トランスミッション
23. 7.62mm機関銃
24. 起動輪
25. 無線アンテナ
26. 補助操縦手兼機関銃射手席
27. 無線機
28. プロペラシャフト・カバー
29. リターンローラー
30. アンテナ基部
31. 一体型水かき(グローサー)付き履帯
32. 車体吊上用フック
33. 「トーシラスティック・サスペンション」転輪
34. 浮力タンク(ポンツーン)
35. 誘導輪
36. フェンダー
37. リアバンパー
38. 砲塔内部換気用ルーバー
39. 牽引用ケーブル

主要諸元
乗員:4名
戦闘重量:15.9t(乗員なし)
全長:7.95m
全幅:3.11m
エンジン:コンチネンタル W-670-9A
　　　　　空冷ラジアル7気筒 250hp
トランスミッション:シンクロメッシュ
　　前進5段 後進1段 操向ブレーキ併用
ファイナルドライブ:ダブルヘリカルギヤ
燃料タンク容量:400リッター
最大速度(路上):40km/h
最大速度(水上):11km/h
航続距離:200km(路上)、120km(水上)
燃料消費率:2.01リッター/km(路上)
徒渉水深:水上航行可能
装甲厚:51mm(砲塔前面)、25mm(砲塔側面)、
　　　6mm(車体側面および後面)
主砲:75mm榴弾砲M3
　弾薬:M4榴弾(HE)
　初速:380m/s
　最大有効射程:8790m
　携行弾数:100発
　俯仰角:-20°から+40°

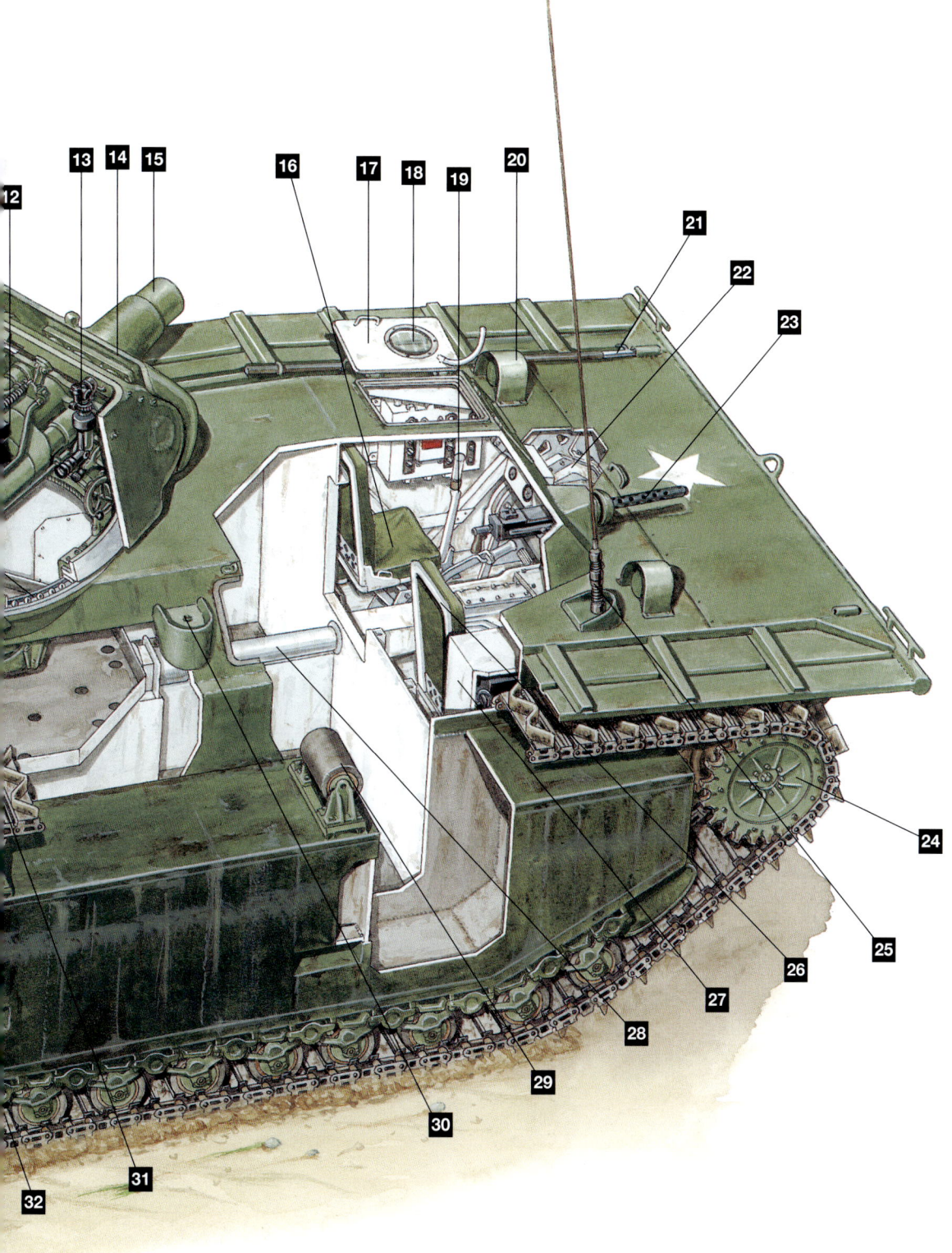

図版E1：LVTE-1　アメリカ第1海兵師団第3水陸両用トラクター大隊
ベトナム　1967年

図版E2：LVTH-6　中華民国海兵師団　台湾　1983年

図版F1：LVTP-7　イタリア海兵隊サンマルコ大隊輸送中隊　イタリア　1984年

図版F2：LVTP-7　アルゼンチン第1水陸両用車大隊　フォークランド島　1982年4月

F

図版G1：LVTP-7　アメリカ海兵隊第2水陸両用強襲中隊
グラナダ　1983年10月26日

図版G2：LVTP-7　アメリカ海兵隊第6水陸両用旅団
イタリア　1985年

沖縄上陸戦初日の1945年4月1日、陸軍第7歩兵師団の兵士を載せて海岸に向かうLVT-4。LVT-4は、それまでのモデルと違って後部に大型のランプドアがあり、そのため人の乗り降りと貨物の積み下ろしが断然楽だった。(US Army)

を含む同盟国に供与したが、オーストラリア軍はそれをバリックパパンで使い、またイギリス軍もその一部（LVT）をビルマで使った。ただし供与したなかで戦闘に巻き込まれた車両は1両もなかった。

沖縄ではここに見る通りのなだらかな地形のおかげで、多数の車両が隊伍を組んだまま移動できた。写真は兵士を乗せたまま前進する海兵隊のLVT（A)-4。(USMC)

LVT(A)-1はその欠点故にどのアムタンク大隊にも嫌われ、引退を迫られたが、1945年4月1日に沖縄で撮影されたこの写真に見る通り、少なくとも沖縄戦まではなんとか生き長らえた。ここに写っているのは後期量産型のLVT(A)-1で、最後部上面のエンジンルーム吸気口に防護カバーがつき、前方機銃1挺と、装甲板で丸く囲んだ後部機関銃座2個が追加されている。(US Army)

amtracs in europe

ヨーロッパ戦線のアムトラック

　アムトラックは太平洋戦線に限らず、ヨーロッパでも各地で活躍した。ただアムトラックの配備については、軍の基本方針が太平洋戦線優先となっていたため、1944年夏までは一部の例外を除き、ヨーロッパにまとまった数のLVTが送られたことはなかった。アメリカ政府は特例として、1943年にイギリスに200両のLVTを供与したが、イギリス軍はそれを訓練と各種のテストに使っただけで、実戦には使わなかった。その後武器貸与法にもとづいて、1944年に100両のLVT-2と203両のLVT-4が、さらに1945年には50両のLVT(A)-4がイギリスとヨーロッパに渡り、イギリス人はLVT-2にはバッファローⅡ、LVT-4にはバッファローⅣの名をつけた（奇妙なことにイタリア戦線でLVTに乗って活躍したイギリス軍はこれを無視して、両方をひとまとめにして「ファンテール（孔雀バト）」と呼んだ）。

　ヨーロッパ戦線でこれら供与されたアムトラックを実戦に持ち込んでもっとも激しい戦闘を行なったのが、イギリスの第79機甲師団だった。装甲車両の専門部隊としてすでに勇名をはせていた同機甲師団は、スヘルデ河口に陣取ってベルギー北端のアントワープ港に出入する船舶の通行を妨害するドイツ軍を掃討すべく、1944年10月23日から24日にかけて、イギリス軍第1強襲工兵旅団のLVTに分乗してまず南ビーヴランド島に上陸した。同大隊は続いて11月1日、LVT-2、LVT-4両バッファローに分乗したイギリス軍第11戦車連隊および

第5強襲工兵連隊と協力してワルヘレン島(オランダ領)を攻撃した。ワルヘレンは周囲を堅固な防壁に囲まれていたが、それを連合軍爆撃機が破壊したところに攻め込んで、1週間にわたる大激戦の末に、ようやくイギリス軍が勝利をおさめた。この時バッファローは兵員の輸送のみならず、補給物資の運搬にも大活躍したのであった。

第11戦車連隊は、このあと1945年3月7日に行なわれたライン渡河作戦にも、バッファローで参加した。この時は、同連隊が自前で改造した少数の特殊なLVT-4も出動した。DD戦車(スクリューを追加し、車体の上に背の高いキャンバスの壁をめぐらせて水上に浮くようにしたシャーマン戦車)をはじめとする水陸両用車両が、川岸のぬかるみに足をとられて立ち往生しないよう、ワイヤーでつないだ材木を敷きつめて即席の通路をつくる能力をもつLVT-4改造の作業車両、通称「じゅうたん屋」もそのひとつだった。また「海蛇」というのもあって、これはLVT-4に火焔放射器つきの小型砲塔を2個載せたもので、外観がまるでヘビの頭そっくりだった。

こうしてイギリス軍は実戦を通じて水陸両用車の価値を知るようになったが、そのころにはヨーロッパの戦いがすぐにも終わりそうな気配が濃厚で、だったら太平洋戦線に持って行ったらどうかという意見が出た。そしてそれがイギリス独自で水陸両用車を開発しようという話に発展して、1945年春からモーリス社の商業車部門が開発を開始し、少し大柄だがほとんどLVT-4そっくりの車両が終戦直前に完成した。何にでもすぐ愛称をつけたがるイギリス軍は、早速これに「4トン積み水陸両用装軌車ネプチューン」という変に長たらしい名前をつけ、その派生型である救難車と工作車にもそれぞれ「シーライオン」(トド)、「タートル」(海亀)の名前をおごって、総計2000両を発注したが、すぐ戦争が終ってほとんどがキャンセルされ、実際に生産されたのはごく少数にとどまった。

ヨーロッパではアメリカ軍も1944年から1945年にかけて、少数のLVT-2とLVT-4を渡河作戦に使った。アメリカ軍とイギリス軍がともにアムトラックで戦った例もけっこうあって、そのうちの最大規模のものが、1945年3月から4月まで続いたイタリアのポー河流域の戦闘だった。この作戦ではイギリス軍の第9機甲旅団が主力となり、それを臨時に119両のLVTに分乗したアメリカ第755戦車大隊と、アメリカ軍から借りたLVT(これを現地のイギリス兵が「孔雀バト」と呼んだ)に乗るイギリス第2、第7槍騎兵連隊が援助した。この連合部隊は1945年4月11日に発動された「インパクト」作戦と、その2日後の「インパクト・ロイヤル」作戦で、洪水で水びたしになったコマンチオ湖南岸地区をLVTで突っ切り、最後4月24日から26日にかけての第755戦車大隊C中隊のポー川渡河を成功させた。

post-war LVT development

戦後の開発

第二次大戦中にアメリカ陸海軍が発注したアムトラックとアムタンクは合計で22683両にのぼったが、戦争の終わった1945年の暮に大量のキャンセルが行なわれ、軍の手にわたったのはこのうちの18621両だけとなった。そのタイプ別内訳の一覧表を巻末に掲載したので参照されたい。

戦後アメリカ陸軍は水陸両用強襲車両の開発プログラムを徐々に縮小しながら、水陸両用戦車大隊と水陸両用装甲車大隊を最終的に解体してしまった。そして自ら保有していたアムトラックとアムタンクの大部分を、台湾、フランスをはじめとする西側諸国に譲り

フォード・マシナリー社が1947年に設計したLVTP-X3。終戦直後に将来のアムトラックを目指して海軍が推進した数多くの試作車両のひとつ。結局どれひとつとして量産されぬままこのプロジェクトは終了し、そのあと朝鮮戦争に見舞われてから海軍はようやく重い腰を上げ、LVT-3Cに代わるべき新型車両の開発に取り組むことになる。(FMC Corp.)

　渡した。また海兵隊と陸軍が戦後本国に引き揚げる時に海外に置き去りにしたアムトラックは、みんなスクラップになった。
　海兵隊は陸軍とは違って、アムトラックの新規購入に意欲を見せていたが、予算の大幅カットで身動きがとれず、やむなく工場を出て船積みされる前に終戦になりそのまま放置されていた最新型のアムトラックとアムタンク、LVT-3とLVT(A)-5をかき集めるだけで我慢した。しかし1949年になって少し事情が好転したため、まずLVT-3の兵員収容スペースを装甲鋼板のルーフパネルで覆う改造計画がスタートした。この仕事はコンチネンタル航空技術社が受注して、1950年度だけで1200両のLVT-3がルーフ付きに改造され、呼称がLVT-3Cに変わった。海兵隊の韓国駐在アムトラック大隊は、この機会を利用して、保有するアムトラックの多くをこのLVT-3Cに入れ換えるのに成功した。
　海兵隊は手持ちのLVT(A)-5も改造したいと考えて、1949年にコンチネンタルとフォード・マシナリーの2社に全然共通点のない2両の試作車をつくらせたが、結局のところ1951年に少数のLVT(A)-5をフォード社に改造させただけで、それ以上には進まなかった。フォードが行なった改造は、船首部分の修正と、砲塔の装甲ルーフパネルの追加と、あとはあちこち細かく手を入れただけで、完成した車両は一部がLVT-3Cの時と同じく、在韓海兵隊アムトラック大隊に送られた。
　以上はいずれも既存のLVTの部分改良だが、一方ではこれと並行するかたちで、海軍艦船局の指導で未来指向の新技術開発も進められた。LVTを進化させるべく各種の新機構を考案し、それを盛り込んだ試験車両をつくろうというのである。艦船局は複数のメーカーを指定して1949年末に、新設計の車体や新設計のサスペンション、推進装置などを備えた試作車を何両もつくらせた。試作車にはアムトラック、アムタンクのほかに特殊貨物輸送用の水陸両用車も含まれ、完成後に各種のテストが行なわれた。しかしもともと研究予算のみでスタートしたプロジェクトだったため、量産に移すことは不可能で、ここまでで全部が打ち切られ、終わりになってしまった。

1950年9月20日にハンガン（漢江）を渡河した後、北朝鮮の集落に乗り入れた第1水陸両用トラクター大隊所属のLVT-3。ここまでこの車両に乗ってきた第5連隊の海兵隊員が、下車して周囲をしらべている。朝鮮戦争ではLVT-3ブッシュマスターとならんで、その改良型のLVT-3Cも活躍した。
（US Army）

戦場に舞い戻ったLVT
LTVs Return to Combat

　第二次大戦が終ってようやく平和が訪れたと思ったのもつかの間、LVTは再び戦争に駆り出された。

　中国では日本の降伏後に共産党と国民党が激しい内戦を繰り広げ、そのあげくに国民党が本土から追放されて台湾に脱出した。国民党は、アメリカから陸軍と海兵隊のLVTを多数譲り受け（主としてLVT4とLVT（A）-4）、共産党との戦いに投入したが、そのうちのかなりの数が共産軍に捕獲され、再利用された。

　1950年に突如として起きた朝鮮戦争で、陸軍と同様に準備不足で完全に不意を衝かれたアメリカ海兵隊は、急遽第1水陸両用トラクター大隊に最新のLVT3-Cを送り届け、戦力の充実をはかった。この補強のおかげで、9月15日に決行された仁川上陸作戦に参加した第1水陸両用トラクター大隊は、第56水陸両用戦車・トラクター大隊の援護のもと、歴史に残る大逆転作戦にその持てる力を存分に発揮したのであった。その後9月末の漢江渡河にも、また中国軍の参入による北朝鮮東岸の興南港からの撤退にも、海兵隊のLVTの活躍は目覚しかった。

　朝鮮戦争が勃発したのと同じ1950年に、LVTはインドシナ戦争にも登場した。この戦いでフランス軍は、当初メコンデルタの湿地帯の移動にアメリカ製のM29C雪上車（フランス軍は「クラブ」（カニ）と呼んだ）を使用した。アメリカは当初この戦争を単なる植民地紛争と見て冷淡な態度をとっていたが、いったん朝鮮戦争が起きると、仏印（フランス領インドシナ）でも共産主義者がトラブルを起こしているという見方に変って、それまで断り続けてきた武器援助に積極的に乗り出した。

　その結果、1950年11月にまとまった数のLVT-4とLVT（A）-4が、フランス軍海外機甲師団（いわゆる外人部隊のひとつ）内部に急遽創設された第1水陸両用強襲大隊に届いた。そして彼らの手によって、LVTは水上で持ち前の機動性を発揮したのはもちろんのこと、水田の泥濘や川の土手もなんなく突破して、デルタ地帯に最適の輸送手段であることを実証して見せた。1951年にはいってLVTの数が増えたところで、同機甲師団は水陸両用強襲2個大隊を追加編成したが、その内容はそれぞれ33両の機関銃つきの「カニ」を保有する2個「カニ」中隊と、それぞれ11両のLVT-4を保有して兵員輸送を専門とする3個アリゲーター中隊と、6両のLVT（A）-4を有する支援1個小隊から成るというものだった。

海外機甲師団はこの独特の強襲大隊を、デルタ地帯の変化に富んだ地理的情勢に合わせて、きわめて弾力的かつ効果的に運用したといわれる。この時活躍したLVT-4で特筆すべきは、その一部に、歩兵を支援する目的でボフォース40mm対空機関砲を取り付けた車両があったことと、大部分の車両に防盾つき軽機関銃か、無反動ライフルか、迫撃砲が据え付けられていたことだった。

　インドシナ戦争のあとも、フランス軍によるアムトラックの使用は続いた。スエズ動乱で英仏連合はスエズ運河奪還作戦の一環としてポート・ファウド上陸を計画し、それに最適ということでアムトラックが駆り出されたのである。第二次大戦の流儀でいけば当然イギリス軍が出動すべきところだが、大戦中に武器貸与法でイギリスに渡ったLVTもいまや寄る年波で役に立たず、代わってアルジェリアのアルズーにある水陸両用センターで海兵旅団に改編中だった旧フランス軍水陸両用強襲大隊が動員された。この作戦は、同大隊のLVT-4とLVT（A）-4に分乗した第1海外師団と第3海兵コマンド部隊がポート・ファウドに上陸し、警察署と沿岸警備隊本部を制圧して成功裡に終了した。

the LVTP-5

LVTP-5──新型LVTの開発

　朝鮮戦争が終ると、海兵隊は各種取り混ぜて539両のLVTとともにアメリカ本土に引き揚げた。彼らが持ち帰ったLVTは、数こそ多かったがその損耗状態たるやひどいもので、早速メアーアイランドの海軍工廠に送り込んでオーバーホールを実施した。ところが相互援助計画が発動されて、台湾、韓国など西側同盟国にLVTを供与することになり、少しでも程度のいい車両をみんな持って行かれた結果、余命いくばくもない老朽車両だけが手元に残った。これで新型のLVTを開発して穴埋めするしか手がなくなった。

　すでに海軍艦船局は1946年以来、新型のLVTに適用することを前提に新技術要素の研究に取り組んでいたが、朝鮮戦争勃発を機に、その研究成果を取り込んだ新型LVT完成車の開発を決断して、1950年12月、ボルグワーナー傘下のインガーソル社と新型アムトラックの開発契約を結んだ。契約では開発する車両は6種類に分かれ、基本の兵員輸送車（LVTP-5）のほかに派生型として火力支援車（LVTH-6）、指揮通信車（LVTCR-1）、対空防御車（LVTAA-1）、回収車（LVTR-1）、戦闘工兵／地雷原突破車（LVTE-1）が含まれていた。新型車は空車重量が35トンもあり、従来のアムトラックの倍近い収容能力にものをいわせて、完全武装の兵士を通常30名、最大34名乗せることができた。

　試作第1号のLVTH-6火力支援車は、1951年8月に完成した。ところがここでフォード・マシナリー社が割り込んできて、より小型のアムトラック・ファミリーを提案したため、情勢が俄然活気を帯びてきた。フォードが「LVTP-X2型ミドルウエイト級アムトラック」と命名したこの車両は、じつは陸軍向けに開発中の、後のM59装甲兵員輸送車を海軍向けに手直ししたものだった。アメリカ陸軍はちょうどこのころ、将来の兵員輸送車すべてに浮航能力を持たせる方針を決定したばかりで、それでこのM59もちょっとした川や湖なら自力で渡ることができた。しかしその程度の浮航能力は、海軍にいわせればほんのお遊びに過ぎず、海軍のきびしい基準によればアムトラックたるもの、大波を平気で乗り越え、外海に出ても決して沈むことなく、より高いスピードで航行して、しかも操船が容易でなければならなかった。それでフォードはM59にこういった高い性能を与えるために、浮力を増したり、推

量産には至らなかったが、ボルグワーナー社のLVTP-5と並行して開発が進んだフォード・マシナリー社の小型アムトラックLVTP-6。陸軍が開発中のM59兵員輸送車をベースに改造を加えた車両。(FMC Corp.)

進システムを改良したり、広範囲の改造を施したのだった。

　話が戻ってボルグワーナーの大型のアムトラックは、試作車のテストの結果兵員輸送車LVTP-5と火力支援車LVTH-6だけが採用され、生産の許可が下りた。普通の競争試作だと、ここでフォードのアムトラックが敗者となって退くところだが、海兵隊は大型のLVTP-5の補佐役として、より小さい(したがって値段も安い)アムトラックも必要と考えていたので、フォードにはLVTP-X2の開発をそのまま続行するよう指示した。

　LVTP-X2には、その後ボルグワーナー車同様火力支援型と対空防御型が追加されたが、最終的には基本の兵員輸送車のみが1956年にLVTP-6として制式採用になった。ところが運悪くその時すでにLVTP-5の生産が終わりに近づきつつあり、いまさらLVTP-6でもあるまいという話になって、せっかくのフォードの力作も、ついに陽の目を見ることなく葬られてしまった。ボルグワーナー車は、1957年度だけでLVTP-5が1124両、LVTH-6が210両生産され、生産が終ってすぐに今度は58両のLVTP-5が指揮車LVTP-5 (Cmd.)に改装された。ほかにごく少数の戦闘工兵車LVTE-1と、65両の回収車LVTR-1が生産されたが、対空防御車LVTAA-1は試作車だけに終った。

　ボルグワーナーのLVT-5シリーズには、あまり芳しくない後日談がある。開発終了後首尾よく量産に移行したまではよかったが、初期に生産ラインを降りた車両にサスペンションと動力系統の故障が続出し、引き渡しが大幅に遅れたのである。LVT-5シリーズはM47、M48(ともにパットン戦車。パットンは旧モデルM26パーシングをベースに短期間でM46からM47、M48、M60へと進化したが、ごく大雑把にいうとシャシーに関しては最初のふたつがエンジン、トランスミッションを更新したM26のパワーアップ版で、あとのふたつでサ

「イモ掘り機械」とあだ名された、工兵隊用のアムトラック LVTE-1。前方にブルドーザー・ブレードと地雷掘り起こしブレードを兼ねた大きな鋤をもち、ルーフ上に前方の地雷原を爆破するロケット弾の発射機が載る。(FMC Corp.)

スペンションのリファインとディーゼルエンジンの導入を果たした)のトランスミッションをそのまま使ったために、トランスミッションの出力軸とそれを受けるファイナルドライブユニットの入力軸が上下に90cmも離れ、その間をギヤトレーンで連結してトルクを伝達する方法をとった。ところがこのギヤトレーンと最終駆動ユニットの組み合わせが、トラブルを引き起こしたのだった。ボルグワーナーはこのギヤユニットとともにサスペンションにも手を加えてトラブルを一掃し、ついでのことに箱型のシュノーケルと上甲板の通風筒を追加して、やっとLVTP-5を海軍に引き渡した。改修を施した車両には、LVTP-5A1およびLVTH-6A1の呼称が与えられた。

　この当時の海兵隊は、ひとつの水陸両用トラクター大隊に120両のLVTがあり、大隊を構成する2個の中隊には、それぞれ11両のLVTP-5A1を保有する4個の小隊があった。大隊司令部には指揮車LVTP-5A1 (Cmd.)が3両と回収車LVTR-1A1が1両あり、ほかに大隊直属の地雷除去中隊に地雷除去車LTVE-1 (通称「イモ掘り機械」)が8両、同整備中隊に回収車LVTR-1A1が1両、同水陸両用中隊に指揮車LVTP-5A1 (Cmd.)が3両と兵員輸送車LVTP-5A1が12両あった。この組織は1950年にはじまって1970年近くまで、一貫して変わらなかった。

ベトナム
Vietnam

　ベトナム戦争が始まると、陸軍の第1、第3水陸両用トラクター大隊と海兵隊の第1、第3海兵師団がアメリカ本国から派遣されて前線に展開したが、ベトナムはアムトラックにとっては場違いの、居心地の悪い場所だった。第二次大戦を彷彿とさせる勇ましい敵前上陸の場面がないだけならまだしも、次世代の水陸両用車たるべき最新のLVTP-5A1が、単なる兵員輸送車として使われることが多く、そのためアムトラック部隊はかなりみじめな思いをした。

　LVTP-5は、陸上で兵員輸送車として使うには図体が大きすぎて、陸軍の装軌式兵員輸送

1968年5月30日、ベトナムのクアベト、ドンハ付近で第4海兵連隊の兵士を輸送中の兵員輸送車LVTP-5A1。LVT-5シリーズは燃料タンクが床下にあるため、地雷を踏むと室内が火の海になることがあり、そのためベトナムでは海兵隊員が写真のようにデッキの上に出て移動することが多かった。(USMC)

車M113にくらべて扱いにくかった。また第二次大戦中のアムトラックのように、陸の上を走り出した途端にすぐこわれるようなことはなかったが、では最初から陸上用に設計されたM113と同等の信頼性があったかというと、それには及ばなかった。おまけに整備性も悪く、戦車から流用したエンジンとトランスミッションをセットで無理やり車体に押し込んだのが裏目に出て、エンジンやトランスミッションを交換しようとすると、その載せ下ろしだけでまる1日かかった。

こうした取り扱い上の問題とは別に、LVTP-5には乗員の生命にかかわる重大な欠陥があった。ベトナムでは装甲車両が地雷を踏む頻度がきわめて高く、LVTP-5とて例外ではなかったが、LVTP-5の床下で地雷が爆発すると、すぐに床下に設置した燃料タンクに火が移り、室内が火の海になってしまうのである。この弱点がわかってからは、海兵隊員は室内を避けて、車上に出たまま移動するようになった。たとえ敵の小火器に狙われようとも、火焔地獄よりは数等マシというわけだった。

このようにあまりにも問題が多いために、ベトナムではアムトラックの人気が急落して、戦争の終わるころには川や海岸線に沿ったパトロールとか、海岸近くでの小規模の戦闘に駆り出されるだけになってしまった。それでも戦闘が行なわれていない場所へ後方から補給物資を運ぶには依然としてLVTP-5は便利な存在で、その時は持ち前の大きな貨物室が物をいった。ベトナムでは兵員輸送車LVTP-5のほかに、その派生型である火力支援車LVTH-

LVTH-6A1火力支援型アムトラック。105mm榴弾砲を搭載して、上陸部隊の後方から援護射撃を行なう。陸上では砲塔下のラックに151発、貨物室内に150発(ケース入り)、合計301発の弾薬を携行できるが、水上航行時は全部合わせて100発が限度。(FMC Corp.)

41

6A1も活躍したが、このタイプは砲兵に代わって後方から支援射撃を行なうのが本来の役目なのに、逆に通常の戦車同様海兵隊の先頭に立って、敵陣目掛けて直接射撃することが多かった。

LVTP-7の開発
The LVTP-7

　ベトナムでLVTP-5がありとあらゆるトラブルに見舞われたのは、本来意図したのと異なる任務についたためだということが、いまや誰の目にもあきらかだった。となると、あらたなニーズに応えられる代替車両の建造を急がねばならない。

　じつはLVTP-5に代わるべき新型車の開発は、すでに1964年にはじまっていた（LVTP-5の就役が1955年で、開発時に要求された耐用年数が15年だったから、これは自然の成行きで別に不思議はなかった）。この年に軍の要求に応じてクライスラーとフォードの2社が仕様書を提出し、後者が選ばれて翌1965年に開発がスタートしていたのである。

　新型車は呼称がLVTPX-12ときまり、ベトナムの経験から旧LVPT-5A1の大きさだと陸上では扱いにくいことがわかっていたから、フォードはこのLVTPX-12の全体サイズをほぼ第二次大戦当時のLVTなみに保ち、積載能力も兵員なら25名（LVTP-5A1は30名）、貨物なら5トン（乗組員3名は含まず）と小さ目に設定した。またベトナムの苦い経験から陸上で敏捷に動き回れるよう、出力重量比を高くとった。

　フォードはこの車両で、1941年の昔LVT-2に採用して以来長らく使い続けてきたトーションバーとラバー併用の「トーシラスティック」・サスペンションを放棄して、トーションバーだけの新型サスペンションに切り替えた。エンジンは実績のあるデトロイト・ディーゼル社のトラック用ディーゼルエンジンを使い、トランスミッションだけ新規に設計した。そして新設計のウォータージェットを導入して（いままで通り履帯も駆動する）水上の速度を上げ、遅くて評判の悪かった従来のアムトラックのイメージを一新した。重量も旧型より1.5トンも軽

いったんは制式採用になりながら生産が見送られたLVTE-7。最後部の大型構造物は、地雷爆破ロケットの発射機。（FMC Corp.）

くなった。

　開発開始から17ヶ月後の1967年9月に1号車が完成し、続いて合計15両の試験用車両が納入された。軍がテストを1969年末まで続けた結果、LVTPX-12の性能はただひとつを除き、すべての点で軍の要求を上回ることが判明した。要求を下回ったのは、砲塔にとりつけた主砲であった。軍の仕様書では20mm機関砲が要求されていたが、砲自体に機能上の問題があり、12.7mm重機関銃に置き換えたのである。

　軍がこの仕様を承認して、LVT-7（兵員輸送型がLVTP-7）の呼称が与えられた後、1970年度の国防予算で購入が認められ、ノースカロライナ州キャンプ・リジューン駐在の海兵隊第2水陸両用トラクター大隊が、1971年に2両の先行量産車を受領して慣熟訓練を開始した。正式の部隊配備は1972年1月からはじまった。

　LVTP-5と同じく、LVTP-7にも各種の派生モデルが必要との考えから、指揮車LVTC-7、回収車LVTR-7、地雷原突破車LVTE-7、火力支援車LVTH-5の設計が進められ、最後の火力支援車を除くすべての試作車が完成したあと、LVTP-7とLVTC-7が選ばれて量産にはいった。榴弾砲を搭載した火力支援車LVTH-5が設計段階で打ち切られたのは、ちょうどその時期に海兵隊が火力支援をアムトラックではなく、M60A1戦車の直接射撃と、155mm自走砲M109の遠距離間接射撃に依存する方針を固めたからであった。

　こうして1970年から1974年にかけて、海兵隊向けの第1期生産分として942両のLVTP-7と、55両のLVTR-7および84両のLVTC-7が納入された。その後も車両の購入は続いて、1980年代後半に海兵隊の水陸両用車部隊はかつてない規模まで膨らみ、各大隊が大隊司令部、司令部専属中隊および強襲水陸両用車4個中隊用を擁し、LVTP-7を187両、LVTC-7を15両、LVTR-7を5両保有するに至った。

　LVT-7シリーズは、LVT-5シリーズにくらべてより耐久性にすぐれ、またより広範囲の任務に適応できた。単位距離当たりの運行費もLVT-5より安く、それでいて陸上でも水上でも

LVT-7に続く新型アムトラックの候補として一時有力視された、ベル社のLVA（水陸両用エアクッション強襲車）の想像図。水上ではエアクッションが浮力と推進力を発揮し、陸上では手前の図のようにエアクッションを畳んで履帯で走るという構想だった。しかし技術的にはかなりの冒険で、当然複雑高価になるのは必至と見た海兵隊は1979年、試作車をつくる前の段階で開発を中止した。（Bell Aerospace）

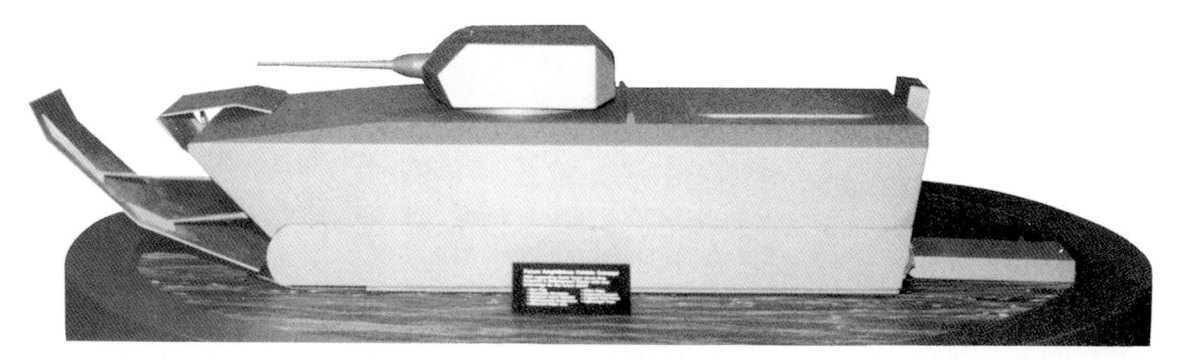

フォード・マシナリー社が提案したFAVC(先進水陸両用車コンセプト)の模型。各種の新技術要素を考案、テストしてアムトラックの近代化を促進するためのプロジェクトで、推進抵抗を減らす船首の引込み式波除け板、履帯まわりの水の流れを整えて推進力を増し同時に抵抗を減らすサイドスカート、後部の引込み式ハイドロジェット・チューブ(展開時は船体長さが増えて抵抗が減る)などが見える。
(Joseph Bermudez Jr.)

LVT-5より速くかつ快適に走れた。LVT-5のトーシラスティック・サスペンションは、陸上で長時間使うと時たま故障したが、LVT-7のサスペンションはその点大丈夫だった。これはあまり知られていないことだが、1980年代前半に就役した陸軍の新鋭歩兵戦闘車M2ブラッドレーのサスペンションは、じつはLVT-7のコピーだった。アメリカ軍海兵隊はLVT-7シリーズをレバノンの平和維持活動に使い、また1983年のグラナダ侵攻でも使用した。

過去のアムトラックの使用実績に照らして、LVT-7シリーズの耐用年数は10年と想定された。それから計算すると、LVT-7は1980年で寿命が切れることになるので、海兵隊は1975年に早くもLVT-7と交代すべき次期新型車両の開発に着手した。今回は珍しいことに海兵隊の側からかなり斬新な、というよりやや突飛な案、LVA(エアクッション装甲強襲車)の構想が提示されて関係者を驚かせたが、もちろんごく常識的なLVT(X)装軌式強襲車の案もあった。

LVAは水上ではエアクッションにより浮力と推進力を得て、陸上では履帯を使って進む風変わりな設計だったが、1979年に断が下されてこのプロジェクトはキャンセルされ、低価格で技術的には保守的なLVT(X)が本命に浮上した。そしてジェネラル・ダイナミックス、フォード・マシナリー、ベル・エアロスペースの3社が指名されて、LVT(X)の開発に取組むことになった。

ジェネラル・ダイナミックス社が提案したLVT(X)の模型。砲塔に35mm機関砲、最後部両側に遠隔操作の機関銃座をもつ。(著者撮影)

1990年代の台風の眼：LVT(X)
Into the 1990s: the LVT(X) decision

LVT(X)開発プロジェクトは目標を「LVT-7よりも陸上の戦闘にいっそう適したアムトラックをつくる」ことに置いたが、それには装甲と武装の両面でLVT-7を凌ぐことが必要だった。そこでまず25mmないし35mm口径の機関砲を備えることにきめ、それを中心に全体の設計を進めたところ、すべての寸法諸元と性能がいつのまにか陸軍の歩兵戦闘車M2ブラッドレーそっくりになってきた。たとえばM2は室内の歩兵が側面のガンポートを通して外の敵を射撃できるが、LVT-7も同じだった。ただし水陸両用車だから、水上航行の際は水が入らないようにガンポートを閉じる必要があり、それには複雑かつ精巧なメカニズムを必要とした。この問題の解決策として、車体後部に遠隔操作の機関銃座を設けたメーカーもあった。

こうしてLVT(X)はどんどん複雑化した。海兵隊はいずれこういう状況になることをあらかじめ予想したのか、最初からLVT(X)の設計案をふたつに分け、13人乗りで小さ目のLVT(X)-13と、LVTP-7なみに大きなLVT(X)-21の二本立てで進めていた。だがそのいずれを取ったところで、最終的にLVT(X)の開発費と生産車価格がとんでもない額まで跳ね上

LVT-7から進化したLVT-7A1には、いったん生産してからSLEP（耐用期間延長）計画を適用してグレードアップさせた改造車両と、それプラスアルファーの設計変更項目をおりこんで新規に追加生産した車両の二通りがある。両者の呼称が同じLVT-7A1なのできわめて紛らわしいが、写真は後者の新規生産の車両で、前照灯を収めるくぼみが改造車の円形に対しこちらは四角形であり、また車長用司令塔（キューポラ）の位置が改造車より高いので見分けがつく。写真の車両は林立するアンテナと機銃のない司令塔から察しがつく通り、LVTC-7A1すなわち指揮車である。（FMC Corp.）

がりそうなことは、いまや誰の目にもあきらかだった。

すでに海兵隊の戦術家たちの間から、LVT（X）を疑問視する声が上がっていたが、それも当然だった。そもそも水中ですぐれた性能を発揮するのと、陸上において陸軍の歩兵戦闘車なみに活躍するのとは、まったく違う世界のことであって、それを同時に成立させようと考える点に無理があった。もっとはっきりいうと、LVT（X）は陸上では歩兵戦闘車に絶対にかなわないのである。水に浮かぶには浮力が必要で、それにはある程度車体が大きいことと、軽いことが必要である。しかしいったん陸に上がってしまえば、大きい図体は敵の格好の目標となるだけであり、また軽いまま装甲を強化するなど、できるわけがないのだ。

海兵隊内部では、アムトラックという種類の車両が果たして海兵隊にとって必要かどうか、それすら疑う者がいた。第二次大戦中に海兵隊が太平洋で戦ったような上陸戦闘が、1990年以降に再現される可能性がいったいあるのだろうか。LVT-7は、1945年以前の上陸戦には最適の道具だが、われわれが求めているのはそれとは違う。1945年にはそのかけらも存在しなかったような、もっと進んだ攻撃手段を捜しているのだ、という論法である。

敵が浜辺に厳重な陣地を築いている場合、1985年現在の海兵隊なら、おそらくヘリコプターを使ってこれを迂回して攻撃をかけるであろう。もちろんほかの方法でもいいが、とにかく正面攻撃をせずに海岸を制圧できることになれば、アムトラックは無用の長物に転落する。つまりただ人員と物資を運ぶだけなら、もっともっと便利な車両や舟艇がいくらもある。海兵隊が試作してテスト中のエアクッション揚陸艇LCACはその一例であり、人員、戦車、補給物資を素早く大量に陸揚げするのに適している。

1980年代に海兵隊の作戦研究者たちは、中東でアメリカが軍事行動に出るかどうか、神経を尖らせつつ見守っていた。イランではいますぐ戦争が起きても不思議はない情勢が続いていたが、海兵隊にとって問題なのは戦争になった場合、アメリカ軍が敵前上陸す

LVT-7シリーズに属する回収車LVTR-7A1。定格荷重3トンの油圧クレーンと、写真では見えないが牽引力15トンのウインチをそなえる。(FMC Corp.)

るなどということはあり得なくて、戦闘がすべて陸上で行なわれるに違いない点だった。そうなれば当然砂漠で長期間行動することを覚悟しなければならない。だがそんな場所で、LVTP-7やLVT (X)がどれほど役に立つであろうか。

　海兵隊は、陸上における長期の戦闘に関しては、知らぬ間に遙か陸軍の後塵を拝する立場に転落していた。あまりにも長いこと海岸の戦闘ばかりを追求したがために、陸上戦闘に適した車両に縁がなくなってしまったのだ。数えてみると、第二次大戦がはじまって間もない1941年以来、アメリカ陸軍の装甲兵員輸送車が2回のモデルチェンジを経たのに対し(モデル順にいうと最初がM3ハーフトラック、次が装軌車のM113、最後が同じく装軌車のM2ブラッドレー)、海兵隊はモデルチェンジどころか、いまだかつて一人前の装甲兵員輸送車を持ったことがないのである。もしいまこの状態で中東の戦争に巻き込まれたら、海兵隊は地面の上を「自分の足で歩いて」戦争するしかなくなってしまう。

　よしそれならば、と海兵隊の作戦研究者たちは決心した。要求性能を1台の車両に具現化できないなら、2台に分けて実現させればよい。

　具体的にはこういうことだ。1970年に誕生したLVT-7は、アムトラックとしては異例の耐久性をそなえているから、これにSLEP(Service Life Extention Programme＝耐用期間延長)計画を適用して、時代の変化に適応させながら寿命を延ばしてやれば、1990年代に入っても現役に留め置くことができる。そうすれば万一海兵隊がタラワのような敵前上陸を敢行する局面を迎えてもなんとか切り抜けられるし、陸上戦闘に投入して、そこそこ能力を発揮させることもできる。そうしておいて、LVT-7が完全な新型車ではないために浮いた予算で、陸上の長期の戦闘に適した装甲兵員輸送車を別途調達するのだ。

1987年以降、海兵隊は100両のAAV-7A1に改造を加え、12.7mm機銃と40mmMk19手榴弾発射装置をそなえるキャディラック・ゲージ社製砲塔を搭載した。写真は改造が終ったAAV-7A1で訓練中の海兵隊員。(Cadillac Gage)

　海兵隊はこのアムトラックと装甲兵員輸送車をミックスする方式を、「混合機械化方式」と名づけ、装甲兵員輸送車として装輪式の装甲戦闘兵車LAV (Light Armored Vehicle)を選んだ。海兵隊運用方針の一大転換を意味するこの折衷案の実施に伴い、それまで本命とされてきたLVT (X)の開発プログラムは1985年3月、試作車をつくる寸前の段階で思い切りよく中止された。

　これで生き残りの道が開けたLVT-7は、予定通りSLEP計画の適用を受けて853両のLVTP-7と、77両のLVTC-7および54両のLVTR-7が改造され、あらたにLVT-7A1シリーズと呼ばれることになった。それだけでなく、1983年から1985年までの3年間に、よりいっそうの改良項目を適用した294両のLVTP-7A1と、29両のLVTC-7A1ならびに10両のLVTR-7A1が、新規に追加生産された。

　上記のSLEP計画とは別に、海兵隊がLVT-7を1990年代まで使い続けても時代遅れにならぬよう、各種の興味深い改良技術研究プログラムが進められた。たとえば1984年には、かねて不評のLVTP-7の武装を強化するために各種の火器を備えた砲塔をテストし、1986年にはキャディラック・ゲージ社に12.7mm重機関銃と40mmMk19手榴弾発射機の両方を収めた砲塔を完成させて、1987年度の予算で100両のLVT-7A1に搭載した。またわずか1両ではあったがLVT-7を改造して、余剰品となっていたM551シェリダン戦車(1965年から短期間生産された陸軍の軽量戦車で、輸送機からパラシュート投下可能)の砲塔を載せ、それに新型の105mm無反動砲を取りつけて、火力支援車LVTEX-3を試作したこともあった。

海兵隊はLVT-7をベースにした火力支援車の構想を実現すべく、1972年に105mm砲を装備した自走砲LVTH-5を計画したが、設計段階から先へ進めなかった。そのあと海軍が試作した105mm無反動砲をM551シェリダン戦車の砲塔に格納したLVTEX-3を計画して、写真の試作車が完成したが、これも採用に至らず打ち切られてしまった。(US Navy)

さらにLVT-7の工兵車バージョンであるLWE-7が採用中止になり、地雷原を突破できるアムトラックがなくなったため、その穴埋めとして、LVTP-7A1に搭載して使うMCSK（Mine Clearance System Kits＝地雷除去システムキット）も開発した。

　MCSKは、地雷原に向けて小型ロケット弾を発射し、地雷を誘爆させて車両通路を切り開くステムである。地雷の爆破には、これとは別にCATFAEといって、燃料を内蔵したロケット弾を専用の車両から発射する、より精巧かつ強力なシステムも開発が進められた。そのほかLVT-7A1にP-900型アプリケ・アーマー（増加装甲）を取りつける計画もあった。

AAV-7A1とFAVC──水陸両用強襲車と将来型水陸両用車
AAV-7A1 and FAVC

　新構想の「混合機械化方式」にもとづいて装輪装甲車LAVと改良型LVTの同時部隊配備に踏み切った海兵隊は、これをよい潮時と見て、長年親しんできた「アムトラック」の呼称を、現実に即して変更することにした。その結果1985年を境に、LVT-7A1はAAV-7A1（AAV＝Amphibious Assault Vehicle：水陸両用強襲車）に変わり、45年間続いたアムトラックの名称は、これをもって終りを告げた。

　AAV-7A1は狙い通り耐久性にすぐれ、寿命の長い車両ではあるが、それとて無限ではなく、また情勢の変化もあり得ることから、1990年代の終りまでにいずれ後進に道を譲る時がくるであろう。その時にそなえて海兵隊は、1985年にFAVC（Future Amphibious Vehicles Concepts＝将来型水陸両用車コンセプト）研究プロジェクトを発足させた。これは内容がふたつに分かれ、ひとつはAAV-7A1そのものを発展させるための新技術要素の研究で、もうひとつはまったくあたらしいコンセプトに基づく別の車両の研究だった。

LVTの生産、配備および輸出の記録
Foreign Amtracs

　最後にLVTの生産実績、配備先および輸出実績の詳細を右頁に表にして掲載する。

　三番目の表を見ると、かなりの数のLVT-5およびLVT-7シリーズが輸出されたことがわかる。これら輸出されたLVT-5、LVT-7シリーズの車両のうち実戦に使われたのは、(1)アルゼンチンが1982年4月、フォークランド島の戦闘にアルゼンチン海兵第1水陸両用車大隊を投入して、対戦車ロケットによりLVTP-7を1両失った。(2)フィリピンでゲリラ掃討作戦にLVTH-6とLVTP-5が使用された。(3)イタリアが1983年のレバノン紛争にITALCON部隊を派遣して、その中に少数のLVTP-7を保有するサンマルコ海兵大隊が交じっていた、の3件だけであった。

LVT-7シリーズ中の変わり種、MTU（移動試験車）による、アメリカ陸軍中出力レーザー対空防御システムのテスト風景。MTUにはレーザービーム投射機と光学追跡装置が搭載され、背中のコブの中にレーザーエネルギー供給用の大型発電機がある。(US DoD)

■1941～45年のLVT生産実績

タイプ	1941	1942	1943	1944	1945	合計
LVT-1	72	851	302			1225
LVT(A)-1		3	288	219		510
LVT-2			1540	1422		2962
LVT(A)-2			200	250		450
LVT-3			1	733	2230	2964
LVT-4			11	4980	3360	8351
LVT(A)-4				1489	401	1890
LVT(A)-5					269	269
合計	72	854	2342	9093	6260	18621

■第二次大戦中のLVTの配備先

タイプ	米海兵隊	米陸軍	武器貸与法による供与	合計
LVT-1	540	485	200	1225
LVT(A)-1	182	328	0	510
LVT-2	1355	1507	100	2962
LVT(A)-2	0	450	0	450
LVT-3	2962	2	0	2964
LVT-4	1765	6083	503	8351
LVT(A)-4	533	1307	50	1890
LVT(A)-5	128	141	0	269
合計	7465	10303	853	18621

■LVTP-5とLVTP-7の輸出実績

輸出先	LVT-5シリーズ	LVTP-7	LVTC-7	LVTR-7
アルゼンチン	0	19	1	1
ブラジル	0	16	0	0
イタリア	0	24	1	0
韓国	0	53	5	3
フィリピン	17	0	0	0
スペイン	0	16	2	1
台湾	717	0	0	0
タイ	0	22	0	1
ベネズエラ	0	9	1	1

カラー・イラスト解説 The Plates

（カラー・イラストは25-32頁に掲載）

第二次大戦中のアメリカ軍水陸両用トラクター（アムトラック）の迷彩塗装は、決め手となる資料がまったく残っていないため、正確にはわからない。著者は塗装指示に関する記述を発見すべく、海兵隊、アメリカ公文書保存局、フォード・マシナリー社の書庫の資料をすべて調べたが、無駄だった。したがって残されたカラー写真や、塗装について言及している各種の報道記事から推測するしかないが、アムトラックのオリジナルカラーがブルー・グレイだったことは、まず間違いない。さらに突っ込んだことを言えば、これはまったくの個人的見解だが、LVTの購入が当初海軍の舟艇調達予算で賄われていた事実から推測して、それがアメリカ海軍のオーシャングレイだった確率はきわめて高い。

1944年に陸軍のアムトラック部隊が、水上ではともかく、陸上ではグレイは好ましくないと言い出して、それで1944年秋から陸軍のアムトラックのみ、塗装がオリーヴドラブに変った。ただしこの色を最初から生産工場で塗ったのか、それとも陸軍が引き取ってからデポで塗り直したのかは不明である。海軍は現地で勝手に迷彩塗装を施すなど塗装に関して積極的な面があったが、この陸軍の動きに影響されたと思われる形跡はない。著者はこのへんの動向について、大隊レベルの記録文書に何か手掛かりが残されていないかと期待して調べたが、これも無駄に終った。戦後海兵隊は陸軍に倣って、自軍のアムトラックをフォレストグリーンに塗装するようになり、その後1970年に陸軍の4色迷彩塗装に切り換えて現在に至っている。

A

図版A1：LVT-1
アメリカ海兵隊大西洋艦隊所属軍団（フリート・マリーン・フォース）「トーチ」作戦　モロッコ　1942年12月4日

オーシャングレイの塗装に星条旗のマーク。トーチ作戦（本文6頁参照）に参加したアムトラックのほとんど全部が、これと同じ星条旗をつけていた。作戦決行に際して、モロッコ駐在のフランス軍が抵抗するかどうか、アメリカ軍には予測がつかず、そこでもし抵抗する気があったとしても、星条旗を見たら気が変って歓迎してくれるかもしれないと考えて、これを描いたという。

図版A2：LVT-1
アメリカ海兵隊第2水陸両用トラクター大隊所属　タラワ　1943年11月20日

運転席の側面に白で車両番号を記入し、そのすぐ上にプライベートに「My De Loris」の文字をあしらったLVT-1。

B

図版B1：LVT-4　イギリス第11戦車連隊所属
エルベ川　ドイツ　1945年4月29日

このLVT-4は、あと数日でヨーロッパの戦争が終ろうという時に、エルベ河畔に置き去りになっていた。塗装はアメリカ陸軍制式塗装のオリーヴドラブよりやや緑がかったBSI 987Cオリーヴドラブ1色で、その上に「C」中隊を表す黄色い丸い輪と、白い文字が記入されている。車両の名前が「Southwark」となっているが、この中隊の車両はたとえば「Southport」、「Stafford」というふうに、みんな似通っていた。

図版B2：LVT（A）-1
アメリカ陸軍第708水陸両用戦車大隊所属　サイパン　1944年6月15日

このLVT（A）-1はサイパン島の海岸で撃破されてしまった。塗装はオーシャングレイ1色。側面の2本の黄色い筋は、第2イエロービーチ上陸グループにはいっていたことを示す。また同じく側面に描かれた「Crazy Legs」の名と（最初がCで始まる点に注意）、前面に記入されたバンパーコードの「C-20」が、C中隊所属の車両であることを示す。太平洋方面で活躍した陸軍の大隊は、バンパーコードの代わりに大隊徽章を使いたがる傾向があり、この車両にも白または黄色の三角の中央に星のマークを入れた第708水陸両用戦車大隊の徽章が描いてある。サイパンでは708大隊の車両は、どれも砲塔背面に黄色い四角を描き、その中に「2」の識別マークを入れていたが、これはおそらく「上陸グループ中の第2波」の意味であろう。砲塔側面と車体側面におなじみのアメリカ軍の白い星が見える。

C

図版C1：LVT-2
アメリカ海兵隊第4水陸両用トラクター大隊　硫黄島　1945年

第4大隊の迷彩塗装は、数あるアメリカ軍部隊の中でもっとも美しいともっぱらの評判だったらしい。著者が見た硫黄島上陸作戦のカラー記録映画に写っていた同大隊のアムトラックも、サンド、レッドブラウン、ダークグリーンの塗装が色といい組み合せといい、なんとも言えず美しかった。側面と前面に車両番号らしい黄色の文字が見えるが、最初の「Ⅱ」は車両番号ではなく、このアムトラックが第2イエロービーチに接岸すべきことを示す。そのあとの「B42」は所属中隊と車両番号を表すものと思われるが、42はひょっとするといわゆるウェーヴ・マーキングというやつで、第4波の先頭から2番目の車両という意味かもしれない。

図版C2：LVT-3
アメリカ海兵隊第1水陸両用トラクター大隊
フンナム(興南)港　北朝鮮　1950年12月

　第二次大戦後の海兵隊のアムトラックは、この図のように「マリーングリーン」と呼ばれる緑がかったフォレストグリーンに塗装されていた。このLVT-3はマーキングに関する限り大戦中に活躍した車両とパターンが同じで、赤い2本の帯で「第2レッドビーチ」攻撃グループに属することを表し、車両番号をクロームイエロー、星のマークを白で記入している。

図版D：上陸用(装甲)装軌車LVT(A)-4
　詳細については図版横の引き出し番号順の説明と、諸元表を参照。

図版E1：LVTE-1
アメリカ第1海兵師団第3水陸両用トラクター大隊
ベトナム　1967年

　ベトナム戦争に参加した海兵隊の車両には特別なカラーリングがなくて、それまで通りフォレストグリーンの塗装にクロームイエローのマーキングが施されただけだった。スペードのエースのカードと大きな目玉の絵は、車両に絵を描く習慣のない当時の海兵隊としては、珍しいものに属する。

図版E2：LVTH-6　中華民国海兵師団　台湾　1983年
　この台湾のアムトラックは、塗装がアメリカ軍とまったく同じである。それだけでなく、海兵隊のシンボルマークも、整備を容易にするために赤く塗ったグリース・ニップルも、なにもかもがアメリカ軍を真似ている。

図版F1：LVTP-7
イタリア海兵隊サンマルコ大隊輸送中隊
イタリア　1984年

　イタリアでは陸軍と海軍の両方がLVT-7を使った。このサンマルコ大隊所属の車両には、赤地に金で、大隊マークである聖マルコの獅子が記入されていた。

図版F2：LVTP-7　アルゼンチン第1水陸両用車大隊
フォークランド島　1982年4月

　1982年のフォークランド紛争で、第1水陸両用車大隊はアルゼンチン軍によるフォークランド島攻撃の先鋒をつとめた。図の車両はフォレストグリーンに塗装され、車両番号は黄色で、海兵隊のシンボルマークの錨を白で描いたすぐ上に国旗のマークが見える。

図版G1：LVTP-7　アメリカ海兵隊第2水陸両用強襲中隊
グラナダ　1983年10月26日

　グラナダ侵攻に使用されたこの海兵隊のアムトラックは、塗装に関しては完全な正統派で、アメリカ陸軍のMERDC迷彩塗装を採用している(この場合はフィールドドラブとフォレストグリーンを基調にして、サンドとブラックでアクセントをつけている)。

図版G2：LVTP-7　アメリカ海兵隊第6水陸両用旅団
イタリア　1985年

　海兵隊のアムトラックが、イタリアでNATOの演習に参加した時のようすを示したもの。塗装は図版G1のLVTP-7とほとんど同じだが、厳密にいうとサンドのトーンがこちらのほうが少し明るい。側面に黒で描いた「Pack Rat」の漫画は、もちろん正規のマークではないが、現在の海兵隊ではこういったものはあまり見かけなくなった。

◎訳者紹介

武田秀夫（たけだひでお）
1931年生まれ。東京大学工学部機械工学科卒業。日野自動車を経て本田技術研究所に入社、乗用車の設計開発に従事し、1991年退職。朝鮮戦争直後にM16ハーフトラックを運転する機会があり、圧倒的な不整走破性に感動した記憶はいまも新しい。訳書に『ハイスピードドライビング』『F1の世界』『ポルシェ911ストーリー』（いずれも二玄社刊）、『第8航空軍のP-47サンダーボルトエース』（大日本絵画刊）などがある。現在東京都内に在住。

オスプレイ・ミリタリー・シリーズ
世界の戦車イラストレイテッド **15**

アムトラック
米軍水陸両用強襲車両

発行日	2002年6月9日　初版第1刷
著者	スティーヴン・ザロガ
訳者	武田秀夫
発行者	小川光二
発行所	株式会社大日本絵画 〒101-0054 東京都千代田区神田錦町1丁目7番地 電話:03-3294-7861　http://www.kaiga.co.jp
編集	株式会社アートボックス
装幀・デザイン	関口八重子
印刷/製本	大日本印刷株式会社

©1999 Osprey Publishing Limited
Printed in Japan
ISBN4-499-22781-X C0076

AMTRACS:
US AMPHIBIOUS ASSAULT VEHICLES
Steven Zaloga
First published in Great Britain in 1999,
by Osprey Publishing Ltd, Elms Court,
Chapel Way, Botley,
Oxford, OX2 9LP. All rights reserved.
Japanese language translation
©2002 Dainippon Kaiga Co.,Ltd.